Oldtimer-Berater

Fahrspaß pur: Ein Oldtimer wie dieser MG A sorgt für ungetrübte Freude am Autofahren.

Kay MacKenneth | Johannes Ücker

Oldtimer-Berater

Kaufen · Fahren · Pflegen · Reparieren

Impressum / Bildnachweis

Unser komplettes Programm:
www.geramond.de

Produktmanagement: Patrick Grootveldt
Layout: Elke Mader, München
Redaktion: Helga Peterz, München
Schlusskorrektur: Thilo Kreier, Blaichach
Repro: Cromika s.a.s, Verona
Umschlag: jarzina kommunikationsdesign, Holzkirchen, unter Verwendung von Fotos von Kay MacKenneth und Nikolaus Waldura
Herstellung: Anna Katavic
Printed in Italy by Printer Trento S.r.l.

Alle Angaben dieses Werks wurden vom Autor sorgfältig recherchiert und auf den aktuellen Stand gebracht sowie vom Verlag geprüft. Für die Richtigkeit der Angaben kann jedoch keine Haftung übernommen werden.
Für Hinweise und Anregungen sind wir jederzeit dankbar. Bitte richten Sie diese an:
GeraMond Verlag
Lektorat
Postfach 40 02 09
D-80702 München
E-Mail: lektorat@verlagshaus.de

Die Deutsche Nationalbibliothek verzeichnet diese Publikation in der Deutschen Nationalbibliografie; detaillierte bibliografische Daten sind im Internet über http://dnb.d-nb.de abrufbar.

© 2011 GeraMond Verlag GmbH, München
ISBN 978-3-86245-638-3

Bildnachweis
Alle Bilder im Innenteil stammen von Kay MacKenneth und Johannes Ücker, außer folgende:

Peter Böhlke: 22, 103
Dorotheum, Wien: 20
dpa/picture-alliance: 138
MEILENWERK | Classic Remise
   Düsseldorf: 21 oben
Egbert Schwartz: 30 oben

Inhalt

Schraubst du noch oder fährst du schon?	6

Welcher Oldtimer passt zu mir? ... 7
Was ist ein Oldtimer? ... 8
Welchen Oldtimer wähle ich? ... 12

Was muss ich vor dem Oldtimer-Kauf beachten? ... 19
Wo kaufe ich einen Oldtimer? ... 20
Stimmt der geforderte Preis? ... 22
Was kostet der Unterhalt meines Oldtimers? ... 25
Oldtimer als Investition ... 33
Der Kaufvertrag ... 36
Die Zulassung – Arten und Kosten ... 41

Das Fahrzeug richtig beurteilen und fahren ... 47
Das Fahrzeug beurteilen ... 48
Auf den ersten Blick ... 51
Die fachmännische Prüfung ... 62
Die Probefahrt ... 72
Fahrsicherheit ... 74

Wartung und Pflege ... 85
Wartungs-Tipps ... 86
Pflege-Tipps ... 96

Technik-Tipps für die eigene Werkstatt ... 103
Die richtige Werkstatt-Einrichtung ... 104
Arbeitssicherheit ... 131
Die Panne ... 133
Glossar ... 139

Vorwort

Schraubst du noch oder fährst du schon?

Einen Oldtimer zu besitzen, das bedeutet nicht nur ein wunderbares Hobby zu haben, sondern bietet auch die Möglichkeit, mit etwas Geschick den eingesetzten finanziellen Wert zu erhalten oder sogar noch ein bisschen zu mehren und dabei maximalen Spaß zu haben. Wer neu in dieses Metier einsteigt sollte, allerdings schon vorher wissen, auf was es dabei wirklich ankommt. Ist „top restauriert" oder „original erhalten" wichtig? Ist jeder Oldtimer eine Wertanlage? Wie vermeide ich Fehlkäufe und kaufe klug ein? Wie funktioniert das eigentlich beim Zulassen, bei der Versicherung und mit dem Gutachten? Welche Reparatur-Arbeiten kann ich selbst erledigen und wo darf nur der Fachmann ran?

Die verschiedenen Kapitel des Buches führen Sie durch alle Phasen, die Sie mit einem betagten Fahrzeug erleben. Sie erhalten wertvolle Tipps, wie Sie mit Ihrem Oldtimer glücklich werden. „Schraubst du noch oder fährst du schon?" – Welcher Oldtimer-Typ Sie sind ist auch entscheidend dafür, wie zufrieden Sie am Ende mit Ihrem Fahrzeug sind, denn nicht jeder hat Freude daran, jahrelang in der Garage zu werkeln, bevor er das erste Mal ausfahren kann.

Damit der Einstieg in die Szene gelingt, werden die heißesten Diskussions-Themen unter dem Stichwort „So können Sie mitreden" aufgegriffen. Wussten Sie z. B. „Warum manche Modelle plötzlich teurer werden" oder „Warum es immer mehr H-Kennzeichen gibt" und „Was ist ein Brot- und Butter-Auto?"

Noch vor dreißig Jahren war die Zahl der Oldtimer-Liebhaber überschaubar. Die Idee, ein Automobil als historisches Kulturgut anzusehen und zu pflegen, wurde von vielen belächelt. Der Grund mag darin liegen, dass das Auto erst mit dem 100. Geburtstag in den Fokus des Interesses rückte. Viele „Veteranen", wie man seinerzeit Oldtimer gerne nannte verschwanden in Museen und wurden so zu statischen Kunstwerken.

Wir wollen Sie mit diesem Buch unterstützen, historische Automobile zu erhalten und in dem Sinn zu nutzen, in dem sie einst geschaffen wurden als Fahrzeuge, die auf der Straße bewegt werden, die Freude ins Leben bringen und ein Lächeln auf die Gesichter der Menschen zaubert.

Damit der Einstieg in dieses wunderbare Hobby auf Anhieb gelingt, unterstützt Sie dieses Buch in allen Phasen von der Auswahl und dem Kauf, bis zum Beurteilen, Fahren und Erhalten.

Gute Fahrt!
Kay MacKenneth und Johannes Ücker

Welcher Oldtimer passt zu mir?

Sie schrauben für Ihr Leben gerne?
Rallye fahren ist ihre Leidenschaft?
Was wollen Sie mit Ihrem Oldtimer wirklich machen?
Die wichtigsten Tipps für die Entscheidungsphase
… bevor die Suche beginnt.

Was ist ein Oldtimer?

In Deutschland wird als Oldtimer ein Fahrzeug definiert, das vor mindestens 30 Jahren erstmals zugelassen wurde und vom originalen Zustand her zur Erhaltung als kraftfahrzeugtechnisches Kulturgut geeignet ist. Die Welt-Oldtimer-Vereinigung FIVA (Féderation International des Véhicules Anciens) hat in ihren Statuten sinngemäß folgende Definition: „Ein **historisches Fahrzeug** ist ein mechanisch angetriebenes Straßenfahrzeug, das mindestens 30 Jahre alt ist, in einem historisch korrekten Zustand erhalten und gewartet wird, dessen Nutzung nicht auf den täglichen Gebrauch ausgelegt ist und das deswegen Teil unseres technischen Kulturerbes ist."

Was bedeutet „Youngtimer"?

Auch die gebräuchliche Bezeichnung „Youngtimer" ist ein Schein-Anglizismus, denn der Begriff ist im Englischen überhaupt nicht bekannt. Eine offizielle Definition von Youngtimern gibt es demnach nicht. Galt einst das Erreichen der 20-Jahres-Marke als entscheidendes Kriterium, so wird viel-

Auch Vorkriegsfahrzeuge (hier ein Rolls Royce Landaulet) haben ihren besonderen Reiz.

Was ist ein Oldtimer?

Ein begehrter Klassiker: Dieser Fiat 1500 als Cabriolet vereint historischen Fahrspaß mit Freiluft-Freuden.

Offiziell ist der Begriff „Youngtimer" nicht definiert. Ein Youngtimer wie der hier gezeigte Capri III RS kann auch jünger sein als 20 Jahre, wenn er selten ist. Entscheidend ist, wie begehrt das Fahrzeug ist.

fach bereits ein jüngeres Fahrzeug als Youngtimer bezeichnet, wenn sich die Begehrlichkeit danach schon früher zeigt – so etwa bei einem Fahrzeug, das nur in geringen Stückzahlen gebaut wurde und ein Design-Klassiker seiner Zeit war. Interessant werden kann das beispielsweise im Zusammenhang mit dem Erwerb einer Zulassung mit einem 07-Wechselkennzeichen.

So definiert das Gesetz ein Fahrzeug als Oldtimer

§ 2 Nr. 22 Verordnung über die Zulassung von Fahrzeugen zum Straßenverkehr (Fahrzeug-Zulassungsverordnung – FZV)

Oldtimer: Fahrzeuge, die vor mindestens 30 Jahren erstmals in Verkehr gekommen sind, weitestgehend dem Originalzustand entsprechen, in einem guten Erhaltungszustand sind und zur Pflege des kraftfahrzeugtechnischen Kulturgutes dienen.

§ 9 Verordnung über die Zulassung von Fahrzeugen zum Straßenverkehr (Fahrzeug-Zulassungsverordnung – FZV)

(1) Auf Antrag wird für ein Fahrzeug, für das ein Gutachten nach § 23 der Straßenverkehrs-Zulassungs-Ordnung vorliegt, ein Oldtimerkennzeichen zugeteilt. Dieses Kennzeichen besteht aus einem Unterscheidungszeichen und einer Erkennungsnummer nach § 8 Abs. 1. Es wird als Oldtimerkennzeichen durch den Kennbuchstaben „H" hinter der Erkennungsnummer ausgewiesen.

Dieser Mercedes-Benz 220 SE ist über 30 Jahre alt – also ein echter Oldtimer.

§ 17 Verordnung über die Zulassung von Fahrzeugen zum Straßenverkehr (Fahrzeug-Zulassungsverordnung – FZV)

(1) Oldtimer, die an Veranstaltungen teilnehmen, die der Darstellung von Oldtimer-Fahrzeugen und der Pflege des kraftfahrzeugtechnischen Kulturgutes dienen, benötigen hierfür sowie für Anfahrten zu und Abfahrten von solchen Veranstaltungen keine Betriebserlaubnis und keine Zulassung, wenn sie ein rotes Oldtimerkennzeichen führen. Dies gilt auch für Probefahrten und Überführungsfahrten sowie für Fahrten zum Zwecke der Reparatur oder Wartung der betreffenden Fahrzeuge. § 31 Abs. 2 der Straßenverkehrs-Zulassungs-Ordnung bleibt unberührt.

(2) Für die Zuteilung und Verwendung der roten Oldtimerkennzeichen findet § 16 Abs. 3 bis 5 entsprechend mit der Maßgabe Anwendung, dass das Kennzeichen nur an den Fahrzeugen verwendet werden darf, für die es ausgegeben worden ist. Das rote Oldtimerkennzeichen besteht aus einem Unterscheidungszeichen und einer Erkennungsnummer jeweils nach § 8 Abs. 1, jedoch besteht die Erkennungsnummer nur aus Ziffern und beginnt mit „07". Es ist nach § 10 in Verbindung mit Anlage 4, Abschnitt 1 und 7 auszugestalten und anzubringen. Fahrzeuge mit rotem Oldtimerkennzeichen dürfen im Übrigen nur nach Maßgabe des § 10 Abs. 12 in Betrieb genommen werden. Der Halter darf die Inbetriebnahme eines Fahrzeugs nicht anordnen oder zulassen, wenn die Voraussetzungen nach Satz 4 nicht vorliegen.

(3) Unberührt bleiben Erlaubnis- und Genehmigungspflichten, soweit sie sich aus anderen Vorschriften, insbesondere aus § 29 Abs. 2 der Straßenverkehrs-Ordnung, ergeben.

§ 23 Straßenverkehrs-Zulassungs-Ordnung (StVZO)

Zur Einstufung eines Fahrzeugs als Oldtimer im Sinne des § 2 Nr. 22 der Fahrzeug-Zulassungsver-

> **Gesprächsstoff**
> **Historic motorcar**
> Nur im deutschsprachigen Raum wird das Wort „Oldtimer" für ein klassisches historisches Fahrzeug verwendet. Auch wenn „Oldtimer" ein englisches Wort ist, versteht man im Ausland unter diesem Begriff etwas anderes: einen Menschen im Ruhestand. Sie würden mehr als ein verdutztes Lächeln ernten, wenn Sie Ihre Oldtimer-Leidenschaft einem englischen Landsmann gegenüber mit „I like to collect oldtimers" („Ich sammle gerne Senioren") formulieren. International gebräuchliche Begriffe sind vielmehr „historic motorcar", „classic car", „vintage car" oder „veteran car".

ordnung ist ein Gutachten eines amtlich anerkannten Sachverständigen oder Prüfers oder Prüfingenieurs erforderlich. Die Begutachtung ist nach einer im Verkehrsblatt nach Zustimmung der zuständigen obersten Landesbehörden bekanntgemachten Richtlinie durchzuführen und das Gutachten nach einem in der Richtlinie festgelegten Muster auszufertigen. Im Rahmen der Begutachtung ist auch eine Untersuchung im Umfang einer Hauptuntersuchung nach § 29 durchzuführen, es sei denn, dass mit der Begutachtung gleichzeitig ein Gutachten nach § 21 erstellt wird.

Welche Bedeutung hat die Originalität des Fahrzeuges?

Das Thema Originalität ist sehr komplex. Es bestimmt den Wert des Fahrzeuges und damit über die Zulassungsmöglichkeit als Oldtimer grundsätzlich. Ein original belassenes, unrestauriertes, fahrtüchtiges Automobil wird immer den höchsten Wert haben und ist für Sammler weit interessanter als ein komplett restauriertes, das praktisch besser ist als der ursprüngliche Auslieferungszustand. Hingegen kann ein nicht zeitgemäß verändertes Automobil aufgrund des nicht möglichen Oldtimer-Gutachtens auch keine Zulassung als Oldtimer bekommen, selbst wenn der Wagen 30 Jahre alt ist.

Der Gutachter, der ein sorgfältiges Gutachten ausstellt, wird immer darauf achten, dass der Oldtimer seiner Zeit entsprechend original ist. Achten Sie bei Originalität nicht nur auf das äußere Erscheinungsbild. Auch das Interieur und die Originalität des Motors sind wichtig.

Dennoch: Eine nachweislich zeitgenössische Abänderung z. B. des Motors oder der Ausstattung, wie sie damals üblich waren, kann durchaus in Ordnung sein. Darüber hinaus darf ein Oldtimer auch als original bezeichnet werden, wenn Änderungen vorgenommen werden mussten, die der Fahrsicherheit (zum Beispiel im Zuge der Zulassung) dienen.

Ein Oldtimer im Originalzustand – im Bild ein Jensen – ist ein unvergleichlicher Genuss fürs Auge.

Welcher Oldtimer passt zu mir?

Klasseneinteilung des FIVA

Der Welt-Oldtimer-Verband FIVA gibt für seine nationalen und internationalen Veranstaltungen die Einteilungen an. Allgemein gilt: Wenn von Vor- oder Nachkriegs-Fahrzeugen die Rede ist, spricht man von vor dem Zweiten Weltkrieg beziehungsweise danach gebauten Autos.

A	bis Baujahr 31. Dez. 1904	Ancestor
B	01. Jan 1905 – 31. Dez. 1918	Veteran
C	01. Jan 1919 – 31. Dez. 1930	Vintage
D	01. Jan 1931 – 31. Dez. 1945	Post Vintage
E	01. Jan 1946 – 31. Dez. 1960	Post War
F	01. Jan 1961 – 31. Dez. 1970	(k. Bez.)
G	01. Jan 1971 – vor 30 Jahren	(k. Bez.)

Klasseneinteilung des FIA

Folgende Klasseneinteilung gibt der Internationale Dachverband des Automobils FIA für den automobilen, historischen Rennsport an. (Beim Deutschen Motorsportbund DMSB (www.dmsb.de) für den lizensierten Motorsport findet man darüber hinaus ausführliche Erklärungen und Informationen zum historischen Motorsport.)

Klasse „A"	bis 1905
Klasse „B"	1905 – 1918
Klasse „C"	1919 – 1930
Klasse „D"	1931 – 1946
Klasse „E"	1947 – 1961
Klasse „F"	1962 – 1965
Klasse „G1"	1966 – 1969
Klasse „G2"	1970 – 1971
Klasse „H1"	1972 – 1975
Klasse „H2"	1976
Klasse „I"	1977 – 1981
Klasse „J"	1982 – 1990

Welchen Oldtimer wähle ich?

Auch wenn das Herz aufgeht, sobald man einen schönen Oldtimer erblickt, sollte vor jedem Kauf die genaue Überlegung stehen: Was will ich eigentlich mit meinem Oldtimer machen? „Fahren natürlich!" werden Sie jetzt sagen. Aber das Hobby Oldtimer beinhaltet viel mehr als „nur" die Sonntags-Ausfahrt zum Kaffeetrinken oder zu einem Oldtimer-Treffen. Neben dem fahrbereiten Oldtimer suchen viele beispielsweise auch ein Objekt zur Restauration (siehe dazu das Kapitel: „Der Neue: ein Restaurationsobjekt?", Seite 16). Also gilt es abzuwägen: Will man schrauben oder fahren? Wie viel Zeit ist man bereit, zu investieren? Oder sind Sie der Typ, der Spaß hat an einer automobilen Schnitzeljagd durch die Landschaft? Dann bieten sich zahlreiche Rallyes an, die nach Routenbüchern (Roadbooks) mit geheimen Zeichen (Chinesen) gefahren werden. Sind Sie eher der sportliche oder der Genuss-Fahrer? Oder soll es gar der historische Motorsport sein? Besuchen Sie Oldtimer-Veranstaltungen, sprechen Sie mit Oldtimer-Besitzern und hören Sie sich dort um, damit Sie möglichst viele Infos vor Ihrer finanziellen Investition haben.

Die Klasseneinteilung nach FIVA und FIA

Wer mit seinem Oldtimer an organisierten Veranstaltungen – beispielsweise Rallyes, Concours-Veranstaltungen oder Rennen – teilnehmen möchte, dessen Fahrzeug wird entsprechend der Bauzeit in verschiedene Leistungsklassen eingeordnet, um eine Vergleichbarkeit herzustellen (siehe oben).

Die Wahl des richtigen Modells

Vor 125 Jahren meldete Carl Benz das erste Automobil zum Patent an und leitete damit eine unge-

Welchen Oldtimer wähle ich?

Ein Vorkriegsfahrzeug wie dieser Hupmobile 20 Runabout fordert den Fahrer mit seinem ganzen Können.

ahnte individuelle Mobil-Werdung des Menschen ein. Seitdem sind Tausende von Automarken aufgetaucht – und auch wieder verschwunden. Allein in England zählte man in den 1920er-Jahren rund 250 verschiedene Marken. In ganz Europa gab es findige Tüftler, beflügelt von der Idee, Autos zu bauen. Nur wenige Marken und Fahrzeuge haben bis heute überlebt.

Umso spannender ist die Auswahl des Fahrzeugs, denn so vielfältig wie die Marken sind die Modelle, die in diesen Jahren entstanden. Es gibt Oldtimer-Liebhaber, die ihren Wagen nach der Historie des Erbauers aussuchen, andere legen Wert auf große Marken oder eine berühmte Renngeschichte, während die meisten von uns bei den Fahrzeugen schwach werden, die Emotionen in uns auslösen.

Doch zu Beginn einer Entscheidung sollte die Information stehen, selbst wenn Sie sich längst verliebt haben. Informieren Sie sich beispiels-

Die FIVA und FIA-Klassifizierung ist nur dann wichtig, wenn Sie an Veranstaltungen teilnehmen wollen.

> **Gesprächsstoff**
> **Brot- und Butter-Autos?**
> Die Mehrzahl der heute unter dem Begriff Oldtimer bewegten Fahrzeuge waren früher Alltagsfahrzeuge, meist aus der Nachkriegszeit, damals auch „Brot- und Butter-Autos" genannt. Lassen Sie sich also nicht irritieren durch die exklusiven Oldtimer, die gerne für Werbung und in Filmen eingesetzt werden. Der häufigste Oldtimer in Deutschland ist der Käfer.

Welcher Oldtimer passt zu mir?

Größten Fahrspaß garantiert der Citroen 2 CV, die „Ente", auch wenn die Ausstattung spärlich ist.

weise unbedingt über die Verfügbarkeit von Ersatzteilen und deren Kosten. Denn im Schadensfall kann eine Reparatur bei seltenen Modellen sehr kostspielig werden, sei es, weil die Ersatzteile sehr teuer sind, oder aber, weil sie nicht erhältlich sind und aufwändig nachgefertigt werden müssen.

Informationsquellen

Zeitschriften und Online-Magazine: Was alles hergestellt wurde, welche technischen Neuerungen eingesetzt wurden, welche Schwachstellen vorhanden sind und waren und auch die spannenden Geschichten, die jedes einzelne Modelle erzählen kann: All das erfahren Sie in den einschlägigen gedruckten Oldtimer-Magazinen sowie in Oldtimer-Internetportalen. Regelmäßig werden darin Modelle vorgestellt und mit Bildern und Kaufberatung versehen. Es gibt auch Videos im Internet, die Oldtimer in ihrer ganzen Schönheit zeigen – nämlich in Fahrt!

Buchhandel und Clubs: Wenn Sie bereits ein Modell in die engere Wahl gezogen haben, finden Sie typenbezogene Informationen neben den Werken aus dem Buchhandel auf den Clubseiten im Internet. Für fast jedes Modell und jede Marke gibt es mehrere Club-Websites, auf denen Experten beim Einstieg ins Hobby hilfreich (und meist kostenfrei) zur Seite stehen.

Oldtimertreffen und Messen – die Saison: Von März bis Ende Oktober ist die Kernzeit für Oldtimer-Fahrer. Überall gibt es Treffen und Schauen mit einer mehr oder weniger großen Variation an gezeigten Modellen. Die meisten Oldtimer-Fahrer, die ihr Fahrzeug zu einem Treffen fahren, sind auskunftsfreudig und reagieren offen auf gestellte Fragen. Die Termine für Treffen und Messen finden Sie in den Fachzeitschriften und Online-Magazinen.

Auswahl nach physischen Gesichtspunkten

Neben der Optik und dem Preis sollten Sie den Aspekt, ob Sie rein körperlich in den Wunsch-Oldtimer passen, nicht vergessen. Früher waren die

Testen Sie auf jeden Fall die „Passform" Ihres Wunsch-Oldtimers. Wie ist die Sichtfreiheit?

Können Sie den Sitz verstellen und bequem schalten?

Menschen kleiner, die Autos anders gebaut. Passen Sie also bequem in den Sportwagen? Können Sie auch über einen längeren Zeitraum gemütlich kuppeln und Gas geben? Manchmal sind die Sitzbänke nicht nach vorne oder hinten verschiebbar, sodass ein Fahrer mit kleinerer Statur nicht an die Pedale kommt. Ein Mann über 1,95 Meter hat beispielsweise nur wenig Fahrspaß, wenn er mit einem Citroen 2CV (Ente) ständig gebückt fahren

Welcher Oldtimer passt zu mir?

Schön in Szene gesetzt: unrestaurierter Oldtimer bei einer Veranstaltung

muss, weil er sonst Ampeln und Wegweiser (wegen des für ihn zu tief gezogenen Dachs) nicht mehr im Blickfeld hat.

Ansprüche an die Technik

Und natürlich sollte der Oldtimer auch Ihren eigenen Anspruch an die Technik erfüllen. Wie schwer geht die Lenkung? Kann mein Partner das Auto im Notfall ebenfalls fahren? Sind Sie bereit, auf inzwischen bequem gewordene Hilfsmittel wie Servolenkung oder Halogenlicht zu verzichten? Doch auch in dieser Hinsicht ist Spielraum bei der Auswahl vorhanden – so gibt es zum Beispiel Oldtimer, die bereits mit Sicherheitsgurten, Nackenstützen oder Bremskraftverstärker ausgerüstet waren.

EXPERTEN-TIPP **Oldtimer mieten**

Manchmal reicht die Probefahrt nicht aus, um das Gefühl für einen Wagen zu bekommen, den man zum Beispiel mit Freude mehrere Tage auf einer Rallye bewegen will. Greifen Sie schon während der Modell-Findung auf die Möglichkeit zurück, einen Oldtimer für einen Tag zu mieten. Im Internet finden Sie unter dem Stichwort „Oldtimer selbst fahren" oder „Oldtimer mieten" die großen Vermieter.

Der Neue – ein Restaurations-Objekt?

Wer sich für ein Restaurations-Objekt entscheidet, sollte auch hier einige Dinge unbedingt beachten. Anfangs ist sicherlich die Begeisterung groß und der Preis für ein Restaurationsobjekt immer verlockend, aber diese Freude kann sich sehr schnell legen, wenn sich die Rechnungen stapeln. Über eines muss man sich im Klaren sein: Je schlechter der Zustand des Oldtimers ist (siehe auch die Stufeneinteilung auf Seite 17), desto länger können Sie den Wagen nicht fahren!

Die Anschaffung eines Restaurations-Objektes erfordert ganz genaues Hinsehen und Kalkulieren. Wenn Sie auf Nummer Sicher gehen wollen, sollten Sie einen Fachmann zu Hilfe nehmen, der das ganze Ausmaß überblickt. So können Sie am ehesten feststellen, ob die anstehende Restauration dem Zweck und dem Budget standhält. Es gibt vier Stufen der Restauration, und jede ist unterschiedlich zu werten. Man sollte vorab entscheiden, welche Stufe der Restauration erreicht werden soll, um ein entsprechendes Objekt zu finden:

1. Stufe – einfache Überholung

Es werden nur nötigste Reparaturen und kleine kosmetische Arbeiten durchgeführt, um das Fahrzeug wieder fahrtüchtig zu machen. Das gesuchte Objekt sollte noch in einigermaßen gutem Zustand sein und keinerlei Schäden am Rahmen oder an tragenden Teilen der Karosserie haben, da diese Arbeiten stärker zu Buche schlagen. Dabei kommen Sie irgendwann um eine komplette Restauration nicht herum, da in der Regel bereits nach kurzer Zeit immer wieder neue technische und kosmetische Probleme auftreten.

2. Stufe – komplette Überholung

Diese Restauration beinhaltet alle technischen Überholungen und grundlegenden Karosseriearbeiten aller defekten Stellen am Blechkleid. In einer Wertung von 0 bis 100 läge die Endbewertung eines komplett überholten, fertigen Objektes zwischen 75 und 85 Punkten.

3. Stufe – intensive Restauration

Alle Teile des Oldtimers werden gewissenhaft überholt. Diese Restauration ist in der Regel zeitaufwändig und sehr kostenintensiv, da sie meist einem Fachmann überlassen werden muss. Danach haben Sie allerdings einen zuverlässigen Oldtimer, mit dem Sie über Jahre Spaß haben werden. Auf der Skala von 0 bis 100 steht das Ergebnis einer solchen Restauration bei 85 bis 95 Punkten.

4. Stufe – Concours-Restauration

Früher war diese Restauration, bei der alle Teile bis zur Perfektion überholt und bis hin zur einzelnen Schraube auf Hochglanz getrimmt wurden, das Nonplusultra und das Ergebnis häufig „besser als neu". Heute kann eine Concours-Restauration durchaus bedeuten, dass mit modernster Technik und höchstem Aufwand der Originalzustand erhalten und konserviert wird. Diese Restaurations-

Ein Lancia als Restaurationsobjekt vom Autofriedhof – ob sich diese Investition auch wirklich lohnt?

Schaulauf der Schönsten: hochklassige Oldtimer beim Concours d'Elegance, hier auf Schloss Bensberg

form ist übrigens wesentlich schwerer als die Hochglanz-Restauration, da Fachexperten mitwirken müssen, die die Materialien der Bauzeit noch genau kennen und rekonstruieren können. Vergleichbar ist das am ehesten mit der Restauration eines Gemäldes. Beide Formen der Concours-Restauration sind sehr kostspielig und lohnen sich nur bei ganz besonderen Fahrzeugen.

> **EXPERTEN-TIPP** **Oldtimer als Restaurationsobjekte finden**
> Wenn Sie sich entscheiden, einen Oldtimer als Restaurationsobjekt zu kaufen, suchen Sie sich verschiedene Modelle aus, besorgen Sie sich Ersatzteil-Kataloge oder verschaffen Sie sich im Internet einen Überblick darüber, wie teuer die Ersatzteile sein werden. Stellen Sie Beispiel-Rechnungen auf und vergleichen Sie. So gewinnen Sie schnell einen Überblick, welches Modell zum Budget passt. Stellen Sie verschiedene fiktive Rechnungen auf, ruhig auch zu Motoren, Ersatzteilen, Getriebe, Dichtungen, Radlager und ähnlichen Teilen. Und: Verschaffen Sie sich den Überblick, bevor der Kauf von Ersatzteilen notwendig ist.

Was muss ich vor dem Oldtimer-Kauf beachten?

Oldtimer – nur etwas für Großverdiener?
Stimmt nicht, aber jede Investition will wohl überlegt sein.
Die wichtigsten Hinweise vor dem Kauf
… bevor Sie zur Fahrzeugprüfung starten.

Wo kaufe ich einen Oldtimer?

Haben Sie sich für ein bestimmtes Modell entschieden, beginnt die Suche nach dem gewünschten Objekt. Eine Regel sollten Sie unbedingt beachten: Lassen Sie sich Zeit beim Kauf. Besichtigen Sie unterschiedliche Objekte. Sie werden schon sehr bald feststellen, dass es extreme Unterschiede bei der Fahrzeugauswahl gibt, auch wenn alle Fahrzeuge im gleichen Zustand angeboten werden. Vergleichen Sie also und beobachten Sie den Markt in aller Ruhe. Ein Oldtimer-Kauf ist kein „City Shopping" an einem gemütlichen Samstag.

Oldtimer-Anzeigen finden Sie in **Tages- und Wochenend-Zeitungen** meist in einer gesonderten Rubrik für Oldtimer. Die **Oldtimer-Fachzeitschriften** enthalten in jeder Ausgabe Hunderte von Kleinanzeigen. Im **Internet** können Sie in den gängigen großen deutschsprachigen Autoportalen wie autoscout24.de oder mobile.de die Suchkriterien auf „Oldtimer" verfeinern. Suchen Sie auf dem internationalen Markt, bieten englische Zeitschriften, die Sie meist in den großen Bahnhofsbuchhandlungen oder am Flughafen kaufen können, eine große Auswahl an Anzeigen. Geben Sie als Suchbegriff „Classic Car Sale" im Internet ein, und Sie landen auf einer großen Zahl von Verkaufsportalen. Als globaler virtueller Marktplatz hat sich auch prewarcars.com einen Namen gemacht.

Bei Auktionen werden vor allem hochpreisige Oldtimer verkauft – edle Hingucker mit Historie.

Was kostet der Unterhalt meines Oldtimers?

Nachdem Sie einen Oldtimer gekauft haben, kommen zum Kaufpreis weitere Kosten auf Sie zu: Versicherung, Steuern, eine dem Objekt entsprechende, werterhaltende Unterbringung in Form einer Garage, der tägliche Unterhalt und die Wartungskosten.

Versicherungen

Als günstiges Hobby erweist sich ein Oldtimer bei der Frage nach den Versicherungskosten.

Zwar unterliegen auch Oldtimer und „Youngtimer" der Versicherungspflicht; gesetzlich vorgeschrieben muss eine Kfz-Haftpflichtversicherung abgeschlossen werden. Allerdings ist die Versicherung von Oldtimern wesentlich kostengünstiger als die eines regulären Kfz.

- Doch müssen einige Voraussetzungen erfüllt werden, um für ein Fahrzeug eine der günstigen Oldtimer-Versicherungen abschließen zu können:
- Die Erstzulassung des Oldtimers muss bei Versicherungsbeginn mindestens 30 Jahre zurückliegen (Manche Versicherungen nehmen auch Youngtimer, deren Erstzulassung mindestens 25 Jahre vor Versicherungsantritt zurückliegt.).
- Der Oldtimer befindet sich in einem erhaltungswürdigen Originalzustand und fällt unter den § 2 Absatz 2 der Fahrzeugzulassungs-Verordnung, in der festgelegt ist, ab wann eine Zulassung als Oldtimer mit einem H-Kennzeichen anerkannt ist.
- Der Oldtimer wird nicht als Alltagsfahrzeug eingesetzt. Manche Versicherungsverträge enthalten Klauseln, die eine maximale Kilometer-Laufleistung des Oldtimers pro Jahr festlegen.
- Die allgemeine Zustandsnote des Fahrzeugs darf die 3 nicht unterschreiten.
- Die meisten Versicherungen fordern eine absperrbare und nicht frei zugängliche Garage für

Verkehrsunfall mit Oldtimer (im Bild ein Mercedes-Benz 170): Jetzt zeigt sich, ob die Versicherung gut gewählt ist.

den Oldtimer oder die Sammlung, in der das Fahrzeug außerhalb der Nutzung abgestellt ist.
- Nicht selten wird gerade bei Fahrzeugen, die einen Wert von 20.000 bis 40.000 Euro übersteigen, ein Wertgutachten verlangt. Bei niedrigerem Wert genügt üblicherweise ein Kaufvertrag oder eine Kurzbewertung.
- Das zu versichernde Fahrzeug ist auf den Halter zugelassen und wird ausschließlich privat genutzt.
- Viele Versicherungen erfordern den Nachweis eines Alltagsfahrzeugs. Das heißt, ein Besitzer, der nur einen Oldtimer hat, erhält bei einigen Versicherungen keine Oldtimer-Versicherung, da diese davon ausgehen, dass das Fahrzeug dann im Alltag ständig in Gebrauch ist.

Oldtimer werden in der Regel nach dem Marktwert, der durch einen Kaufvertrag, eine sogenannte Kurzbewertung oder durch ein fachmännisches Gutachten festgelegt wird, versichert. Dabei zählt der Marktwert zum Zeitpunkt des Abschlusses der jeweiligen Versicherung. Es wird ermittelt, welchen Preis das Fahrzeug durch einen An- oder Verkauf erzielen kann.

Die erwähnten Gutachten müssen übrigens nicht, wie von manchen Versicherungen vorgeschlagen, verpflichtend bei den gängigen Oldtimer-Gutachtern von Unternehmen (beispielsweise Classic Data oder Olditax) durchgeführt werden, sondern können auch durch unabhängige Gutachter erstellt werden. Richtlinien für den Marktwert sind Markterhebungen, die Unternehmen im Auftrag der Versicherungen durchgeführt haben. Vergleichen Sie die Wertstatistiken in den Fachzeitschriften und auf den diversen Webportalen, in denen man Oldtimer-Werte abfragen kann! Der Durchschnittswert ist meist der richtige Wert für den entsprechenden Oldtimer.

Entscheidend ist die so genannte Zustandsnote des Oldtimers. Seien Sie ehrlich zu sich selbst. Sicherlich wünscht sich jeder, einen Oldtimer im Zustand 1 zu besitzen, doch diese Note ist bis jetzt nur dann erreicht, wenn sich der Oldtimer in einem völlig perfekten und restaurierten Zustand und durchgehend mit Originalteilen präsentiert. Eine lückenlose Historie auf Papier steigert die Begehrlichkeit und damit auch den Wert.

Wichtig! Derzeit kann man einen Meinungswandel auf dem Oldtimer-Markt beobachten. Ein Fahrzeug, das in einem absoluten Originalzustand und in technisch einwandfreiem Zustand ist und sich mit entsprechender Patina zeigt (wodurch übrigens die Historie auch äußerlich erkennbar ist), kann mittlerweile wesentlich wertvoller sein als ein perfekt restauriertes Modell.

Das Versicherungs-Vokabular

Damit Sie Ihren Oldtimer richtig versichern, sollten Sie die wichtigsten Begriffe der Versicherungssprache kennen und deren genaue Bedeutung wissen:

Der **Marktwert** bezieht sich, wie bereits zuvor beschrieben, auf den gegenwärtigen Wert des Fahrzeuges am Markt und ermittelt sich durch den geschätzten Preis, den das Fahrzeug bei einem An- oder Verkauf erzielen würde. Da dieser Preis meistens durch den Privatmarkt erzielt wird, enthält er keine gesetzliche Mehrwertsteuer.

Wird ein Fahrzeug selten gehandelt, zum Beispiel ein sogenanntes One-Off (der Begriff be-

Vergleichen Sie die Bedingungen der verschiedenen Versicherungen und suchen Sie die für Sie passende.

Was kostet der Unterhalt meines Oldtimers?

Originalität ist bei Rennwagen besonders gefragt.

Zustandsnoten

Note 1 – Makelloser Zustand: Keine Mängel an Technik, Optik und Historie (Originalität). Fahrzeug der absoluten Spitzenklasse. In diese Kategorie fällt auch ein unbenutztes Original, etwa ein Museumsauto, oder ein mit Neuteilen komplett restauriertes Fahrzeug.

Note 2 – Guter Zustand: Mängelfrei, aber mit leichten Gebrauchsspuren. Original oder fachgerecht und aufwändig restauriert. Keine fehlenden oder zusätzlich montierten Teile. Ausnahme: Die Straßenverkehrsordnung schreibt es vor.

Note 3 – Gebrauchter Zustand: Normale Spuren der Jahre. Kleinere Mängel, aber voll fahrbereit. Keine Durchrostungen. Keine sofortigen Arbeiten notwendig. Das Auto ist nicht schön, aber gebrauchsfertig.

Note 4 – Verbrauchter Zustand: Nur bedingt fahrbereit, sofortige Arbeiten notwendig. Leichte bis mittlere Durchrostungen. Einige kleinere Teile fehlen oder sind defekt. Auch teilrestauriert. Mängel sind leicht zu reparieren oder restaurieren.

Note 5 – Restaurationsbedürftiger Zustand: Nicht fahrbereit. Schlecht restauriert bzw. teilweise oder komplett zerlegt. Größere Investitionen nötig, aber noch restaurierbar. Fehlende Teile.

schreibt Fahrzeuge, die nur in einer ganz niedrigen Serie gebaut wurden), oder ist der Oldtimer so selten, dass es kaum mehr Exemplare auf dem Markt gibt, werden die Preise des Handels oder zum Beispiel von Auktionsergebnissen für die Markwert-Ermittlung zugrunde gelegt.

Der **Wiederbeschaffungswert** stellt den durchschnittlichen Wert des Fahrzeuges dar, der über den Handel inklusive der Mehrwertsteuer und der Händlerspanne ermittelt wird. Der Wiederbeschaffungswert dient zur Ermittlung der Haftung gegenüber eines Geschädigten, zum Beispiel im Falle eines Unfalles. Der Wert wird zum Zeitpunkt der Schädigung ermittelt und soll ermöglichen, ein gleiches oder ähnliches Fahrzeug zu erwerben. Es wird dabei nur der Wert berücksichtigt, der unter Berücksichtigung des gewerblichen Handels inklusive der Mehrwertsteuer ermittelt wurde. Eine zwischenzeitlich vor der Schädigung getätigte Restauration oder Überholung des Fahrzeuges, das ersetzt werden soll, wird dabei aber nicht berücksichtigt.

Der **Wiederaufbauwert** berücksichtigt alle eventuellen Kosten, die durch einen Neuaufbau oder eine Restauration des Fahrzeuges entstanden sind. Solche Kosten liegen in der Regel im-

Die Zustandsnote ist wichtig für die Versicherungs-Einstufung (im Bild ein Mercedes-Benz 300 SE).

Was muss ich vor dem Oldtimer-Kauf beachten?

Lassen Sie nach einigen Jahren den Marktwert Ihres Fahrzeuges – im Bild ein Austin Healey – erneut einschätzen.

mer höher als der eigentlich ermittelte Marktwert des Oldtimers. Der reine Marktwert wird hierbei nicht mehr berücksichtigt. Es werden nur die Kosten für ein Restaurationsobjekt, welches sich in einem restaurationswerten Zustand befinden muss, die durchschnittlichen Arbeitsstunden und die Kosten für Material und Ersatzteile zusammengerechnet.

Der **Wiederherstellungswert** setzt sich aus den Restaurationskosten und dem tatsächlichen Anschaffungswert des Fahrzeuges zusammen. Abzüglich des Marktwertes ergibt sich der Wiederherstellungswert. Besonders maßgeblich ist dieser Wert bei sehr langen und aufwändigen Restaurationen. Der Wert lässt sich allerdings beim Verkauf eines Fahrzeuges nur äußerst selten aufschlagen.

Die Versicherungsarten

Bei der Versicherung eines Oldtimers sollten Sie sich überlegen, welche Versicherung für Ihr Fahrzeug in Frage kommt. Üblicherweise stehen mehrere Versicherungsformen zur Auswahl. Manche Versicherungen bieten zusätzlich einen Oldtimer-Schutzbrief an, der sich den Besonderheiten eines Oldtimers anpasst und beispielsweise statt Pannenhilfe vor Ort den Rücktransport in die heimische Werkstatt beinhaltet.

Die **Haftpflichtversicherung** ist auch für Oldtimer gesetzlich vorgeschrieben. Sie haftet mit einer Pauschale für Personen-, Sach- und Vermögensschäden. Üblicherweise wird die Beitragshöhe pauschal nach dem Baujahr des zu versichernden Oldtimers ermittelt. Schadensfreiheitsrabatte sind bei der Haftpflicht-Versicherung für Oldtimer ausgeschlossen.

Gesprächsstoff
Versichert ab 4000 Euro

Oldtimer-Versicherungen werden erst ab einem Wert des Fahrzeuges von 4000 Euro angeboten. Zugrunde gelegt wird die Idee, dass ein erhaltenswertes historisches Fahrzeug diesen Mindest-Verkaufs- oder Kaufwert haben muss.

Die **Kaskoversicherung** versichert den Oldtimer gegen eventuelle Beschädigungen, Zerstörung oder Verlust. Der Marktwert ist für die Ermittlung der Beitragshöhe entscheidend und stellt im Falle eines Totalschadens die Höchstsumme dar. Da aber ein Oldtimer in der Regel einer Wertsteigerung unterliegt, haben die meisten Versicherer eine prämienfreie „Vorsorgeversicherung", die eine zehnprozentige Wertsteigerung über einige Jahre berücksichtigt. Allerdings ist die Mitwirkung des Versicherten hier sehr wichtig. Daher sollte man nach einigen Jahren selbst nochmals den Marktwert in einer Kurzbewertung des Oldtimers veranlassen und der Versicherung mitteilen. Dies gilt auch, wenn zwischenzeitlich eine Restauration oder andere Veränderungen am Fahrzeug vorgenommen wurden, die den Marktwert gesteigert haben.

Die **Teilkaskoversicherung** schließt noch einmal mehr Haftung seitens der Versicherung ein. In der Regel sind Schäden versichert, die durch
- Diebstahl, Raub oder Unterschlagung,
- Brand oder Explosion,
- Kurzschluss in der Elektrik,
- Marderbiss,
- Glasbruch,
- Sturm, Hagel oder Überschwemmung,
- Wildunfall,
- Vandalismus,
- Transport entstehen.

Die Vollkaskoversicherung umfasst auch Schäden, die selbst verursacht wurden, und schließt den gesamten Versicherungsschutz der Teilkaskoversicherung mit ein. Auch Schäden, die durch eine eventuelle Unfallflucht eines Dritten verursacht wurden, sind mit der Vollkaskoversicherung abgedeckt.

Die **All-Risk-Versicherung**: Einige Versicherungen arbeiten bereits an einer neuen Versicherungsform für Oldtimer, die grundsätzlich alle Gefahren versichern soll (Stand Redaktionsschluss, Dezember 2010). So sollen auch Schäden, die bisher aus allen Versicherungsverträgen ausgeschlossen sind, zum Beispiel Motor-, Getriebe- und Bruchschäden, Ereignisse wie betriebsbedingter Verschleiß, Reparatur und Restaurations-Schäden, aber auch höhere Gewalt wie

Für besonders hochwertige Fahrzeuge wie für diesen Ferrari empfiehlt sich eine Vollkaskoversicherung.

Was muss ich vor dem Oldtimer-Kauf beachten?

Liebelei: Gerne wird wie bei diesem Porsche 911 beim Kennzeichen das Baujahr gewählt.

ein Erdbeben- oder Kriegsschäden im Versicherungsschutz inbegriffen sein. Diese All-Risk-Versicherung wird somit den umfangreichsten Versicherungsschutz darstellen.

Die **Sammler-Versicherung**: Fahrzeuge in einer größeren Sammlung, die mit einem roten 07-Sammlerkennzeichen zugelassen sind, können in der Regel auch kostengünstig versichert werden. Üblicherweise bezahlt man die Haftpflicht- und Kaskoversicherung nur für ein Fahrzeug. Bei der Ermittlung der Vollkaskoversicherung wird das teuerste Fahrzeug in der Sammlung zugrunde gelegt. Die restlichen Fahrzeuge können mit einer so genannten Teilkasko-Ruheversicherung versichert werden. Diese greift in aller Regel auch bei Fahrzeugen, die sich wegen einer Überholung oder Restauration in einer Werkstatt befinden.

Steuern

Die normale Zulassung
Wenn Sie Ihren Oldtimer normal zulassen, also ohne besonders H-(historisches)Kennzeichen, liegt der Steuersatz pro angefangene 100 Kubikzentimeter für Benziner bei 25,36 Euro, für Diesel bei 38,78 Euro. Diese Zulassungsart kann für Kleinstfahrzeuge (beispielsweise eine Isetta) interessant sein. Mit den eingeführten Umweltzonen bringt diese Art der Zulassung allerdings das Problem der Zufahrtsbeschränkung.

Das Saison-Kennzeichen zeigt in welchem Zeitraum das Auto angemeldet ist.

Checkliste: Versicherungs-Fragen
- ✓ Ist ein Gutachten für die Wertermittlung des Oldtimers notwendig?
- ✓ Verzichtet der Versicherer wirklich auf die Höherstufung im Schadensfall?
- ✓ Wie viele Kilometer darf ich mit dem Oldtimer im Jahr fahren?
- ✓ Wer darf den Oldtimer fahren?
- ✓ Verzichtet der Versicherer auf den Einwand der Unterversicherung?
- ✓ Können Sie den Oldtimer auch in andere Länder bewegen, oder gibt es Länder, in denen der Versicherungsschutz erlischt?
- ✓ Bietet der Versicherer eine Vorsorge für die Preissteigerung, damit die Wertsteigerung des Marktwertes des Oldtimers binnen einiger Jahre berücksichtigt ist?
- ✓ Sind Schäden bei der Durchführung von Transporten versichert?
- ✓ Ist im Falle eines Schadens der Transport zur nächsten Werkstatt versichert?

Was kostet der Unterhalt meines Oldtimers?

Das H-Kennzeichen weist Ihr Fahrzeug auch als historisch aus.

Das Saison-Kennzeichen

Dieses Kennzeichen wird nach vollen Monaten der Betriebszeit berechnet; das können mindestens zwei und höchstens elf pro Jahr sein. Im gewählten Zeitraum ist das Fahrzeug automatisch an- bzw. abgemeldet, aufwändiges An- und Abmelden entfällt. Der Zeitraum der Zulassung ist am rechten Rand des Nummernschildes zu lesen. Die Berechnungsgrundlage ist gleich wie bei der normalen Zulassung, die jedoch für zwölf Monate gilt. Mit dieser Zulassungsart gibt es keine Einschränkungen bei Fahrten ins Ausland.

Das H-Kennzeichen

Der Steuersatz für ein Fahrzeug mit Zulassung als Historisches Fahrzeug liegt pauschal bei 191 Euro/Jahr. Mit dieser Art der Zulassung dürfen alle Umweltzonen befahren werden, die Nutzung des Fahrzeuges ist nicht eingeschränkt, Auslandsfahr-

Das 07-Kennzeichen darf für Sammlungs-Autos genutzt werden.

Gesprächsstoff
Vorsicht bei der Kaufpreisangabe!
Macht ein Versicherungsnehmer bei der Abwicklung eines Versicherungsfalles falsche Angaben zum gezahlten Kaufpreis für einen Oldtimer, verliert er seinen Versicherungsschutz. Das hat das Oberlandesgericht Hamm entschieden. Ein Mann aus dem Ruhrgebiet erwarb 1990 in den USA für 9000 US Dollar einen Oldtimer Typ Porsche 356 B Cabriolet. Er ließ das Fahrzeug aufwändig restaurieren. Es wurde im September 1998 zugelassen. Bei Abschluss der Haftpflicht- und Vollkaskoversicherung wurde das Cabriolet von einem Gutachter auf einen Wert von rund 60.000 Euro geschätzt. Zwei Jahre nach der Zulassung meldete der Versicherungsnehmer das Auto als gestohlen. Gegenüber seiner Versicherung gab der Versicherte schriftlich und mündlich an, das Fahrzeug für 40.000 US Dollar gekauft zu haben. Die Versicherung versagte ihm daraufhin wegen falscher Angaben zum gezahlten Kaufpreis den Versicherungsschutz.

ten können ebenfalls ohne Einschränkungen gemacht werden.

Das 07-Kennzeichen

Für das sogenannte rote 07-Sammler-Kennzeichen beträgt die Steuer pauschal 191 Euro/Jahr. Das Kennzeichen darf abwechselnd an verschiedenen Fahrzeugen angebracht werden, damit diese zu Oldtimer-Veranstaltungen, Probe- und Überführungsfahrten und Werkstattfahrten genutzt werden können. Mit dem 07-Kennzeichen dürfen Umweltzonen befahren werden, Nutzungsbeschränkungen gibt es nicht, Auslandsfahrten sind aber teilweise nicht unproblematisch.

Unterbringung & Garage

Gönnen Sie Ihrem Oldtimer eine Garage. Der Feind eines Oldtimers ist die Feuchtigkeit. Um die Korrosion der Metallteile und die Verrottung von Holz, Leder, Stoffen und der Elektrik zu verhin-

Was muss ich vor dem Oldtimer-Kauf beachten?

Trocken und gleichmäßig temperiert ist der ideale Standplatz für einen Oldtimer.

dern, ist es wichtig, einen Stellplatz mit möglichst konstanter Feuchtigkeit zu haben.

Ein trockener Stellplatz in einer gut belüfteten Garage ist für den Anfang schon ganz gut. Im Allgemeinen gilt auch eine stillgelegte Scheune als idealer Stellplatz. Doch fragen Sie nach dem früheren Verwendungszweck, denn in einem ehemaligen Kuhstall – so sagen Experten – werden Sie durch die in die Mauern eingezogene Harnsäure wenig Freude haben.

Prüfen Sie – neben den gängigen Möglichkeiten, eine zusätzliche Garage zu mieten – auch die Schaukästen und Standplatzmöglichkeiten in den Oldtimer-Zentren wie „Meilenwerk" (Berlin, Stuttgart), „Klassikstadt" (Frankfurt) oder „Phanteon" (Basel). Dort wird ihr Oldtimer zusätzlich Teil der Ausstellung, während er steht.

Neu ist außerdem die kostengünstige Möglichkeit, einen Stellplatz in einem Zeitlager zu mieten. Was früher nur für vorübergehend einzustellende Umzugskartons gedacht war, gibt es heute auch für Oldtimer.

Wartungskosten

Um den Wert Ihres Oldtimers zu erhalten, müssen Sie ihn regelmäßig pflegen und warten. Immer wieder werden kleinere Ersatzteile (Dichtungen, Zündkerzen, Birnen) notwendig sein, um das gute Stück am Laufen zu halten. Größere Reparaturen und Instandsetzungsarbeiten können völlig unerwartet auftreten. Zu den Kosten für Benzin, Bleizusatz und Reinigungskosten kommt die regelmäßige technische Prüfung dazu. Oldtimer müssen, wie alle anderen Fahrzeuge auch, alle zwei Jahre durch den TÜV.

Oldtimer als Investition

Wirtschaftsmagazine, Wochenend-Zeitungen, Fachzeitschriften – alle freuten sich und jubelten während der Wirtschaftskrise vom bleibenden Investment und der immer noch guten Renditemöglichkeiten bei Oldtimern. Der DOX (Deutscher Oldtimer Index), den der Verband der Automobilindustrie (VDA) alle sechs Monate in einem Vergleich zum Deutschen Aktien Index (DAX) herausgibt, wurde erfunden und belegte den Oldtimer als Investment mit quasi garantiertem Wertzuwachs. Aus dem Hobby Oldtimer wurde eine spekulative Geldanlage.

Von den in Deutschland zugelassenen 41 Millionen Fahrzeugen sind gerade mal 283.000 Oldtimer über 30 Jahre alt und dürfen mit dem steuergünstigen H-Kennzeichen fahren. Neben dem emotionalen Aspekt sind viele Neueinstiegswillige beeindruckt von den Renditemöglichkeiten, die immer wieder nach Auktionen Furore machten, beispielsweise wenn ein Ferrari 330 TRI/LM aus dem Jahr 1962 sensationelle 9,28 Millionen Dollar erzielt.

Eine Investition wird in der Wirtschaft definiert als Einsatz von finanziellen Mitteln, um neue Geldgewinne zu bekommen.

Wenn also ein einzigartiges James-Bond-Filmfahrzeug, ein Aston Martin DB5, den der Besitzer 1969 für rund 12.000 Pfund gekauft hatte, nun für 3,3 Millionen Euro verkauft wird, waren die eingesetzten 12.000 Pfund ein gelungenes Investment und die 400.000 Euro, die der Wagen unter dem erwarteten Auktionspreis blieb, verschmerzbar.

Bei einem normalen Oldtimer darf man nicht vergessen, dass der Anschaffungspreis, die Instandsetzungs- und Erhaltungskosten den zu erzielenden Betrag meist erreichen oder sogar überschreiten – die Zeit, die der Besitzer womöglich selbst Hand angelegt hat, gar nicht eingerechnet. Schließlich bestimmt auch eine ganze Reihe von nicht kalkulierbaren Einzelheiten den möglichen Wertanstieg eines bestimmten Oldtimer-Modells.

Besonders hochspekulativ ist der Markt der günstigeren Youngtimer. Dennoch gibt es Potenzial. Zum Beispiel hat der Mercedes 123 als T-Modell eine deutliche Stabilisierung erlebt. Noch zu DM-Zeiten war der Wagen für 1000 bis 3000 Mark zu haben, jetzt liegt ein guter Wagen bereits zwischen 8000 und 10.000 Euro. Auch ein „unverbastelter" Golf 1, der so gut wie aus dem Straßenbild verschwunden ist, hat echte Chancen.

Fazit: Ein „normaler" Oldtimer im mittleren Preissegment ist sicher ein Objekt, für das es sich lohnt Geld auszugeben, um Fahrspaß und Freude an einem historischen Automobil mit allen Aufs und Abs zu erleben. Wer sich aber einen Wagen als Investment zulegen will, ist gut beraten, richtig Geld in die Hand zu nehmen, einen vertrauenswürdigen Fachmann zu konsultieren und als oberste Prämisse die lückenlos belegte und gegengeprüfte Historie als Grundlage zu nehmen. Ein Rennwagen, der einst von einem legendären Rennfahrer gefahren wurde, liegt beim Investment im Millionenbereich; dabei ist auch die kostspielige Restauration von beispielsweise 100.000 Euro relativ.

Gesprächsstoff
Der Markt lebt!
Beobachten kann man, dass die Begehrlichkeiten nach einem Oldtimer immer dann steigen, wenn die Marke einen „Nachfolger" im Retro-Look auf den Markt (zum Beispiel Fiat 500) und so das Original in eine Art Kultstatus bringt. Außerdem tragen Filme und Werbung, in denen ein Oldtimer eine Rolle spielt, zu Image und Kauflust bei – so ist zum Beispiel auch der Opel Manta nach Jahren des Belächelns ein seltenes Kultobjekt geworden.

So sieht ein gepflegtes Fahrzeug von innen aus: das original erhaltende Armaturenbrett eines Mercedes 170 S

Der Kaufvertrag

Der gesuchte Traum-Oldtimer ist gefunden, wurde gründlich geprüft und unter die Lupe genommen, und nun steht der Kauf an. Ein Kauf per Handschlag mag zwar ehrenhaft sein, hat aber in der heutigen Zeit keinen Bestand. Schließen Sie unbedingt einen ordentlichen Kaufvertrag mit dem Verkäufer ab. Zwar geht man immer davon aus, dass der Verkäufer den Fahrzeugzustand nach bestem Wissen und Gewissen vermittelt hat, doch ist es ratsam, möglichst viel schriftlich zu erfassen, sodass sich beide Parteien nach dem Kauf wohl und sicher fühlen.

Ein ehrlicher Vertrag ist eine gute Basis für eventuell später auftretende Probleme, selbst wenn sie bei Gericht landen. Denn dort kann ein Richter nur nachvollziehen und gerecht Recht sprechen, wenn eine genaue Dokumentation des Kaufes vorliegt. Entsprechende Vorlagen für geeignete Kaufverträge finden Sie zum Ausdrucken im Internet. Je genauer und deutlicher ein Vertrag ist, desto weniger Probleme gibt es hinterher bei der Auslegung einzelner Punkte.

Definieren Sie in diesem Vertrag auf jeden Fall folgende Punkte:
- Name und genaue Anschrift des Käufers
- Name und genaue Anschrift des Verkäufers

Der Kaufgegenstand
- Füllen Sie hier alle Daten des Fahrzeugs ein. Festgehalten werden Typ und Marke, Ausführung, Baujahr und Erstzulassung. Notieren Sie auch die Fahrgestell-, Motor und Getriebe- bzw. Achsnummern. Lassen Sie sich die Anzahl der Vorbesitzer im Kfz-Brief zeigen und tragen Sie diese im Kaufvertrag ein. Notieren Sie die Kilometerleistung laut Tacho. Fragen Sie nach der tatsächlichen Laufleistung und notieren Sie diese ebenfalls.
- Ganz wichtig ist außerdem die Angabe des letzten amtlichen Kennzeichens – vor allem für die Zulassung. Zudem sollten Sie festhalten, wer wann das Fahrzeug zuletzt abgemeldet hat.
- Sollte es noch nicht abgemeldet sein, ist genau festzulegen, wer das Fahrzeug wann stilllegt und abmeldet.
- Zuletzt werden noch alle Sonderausstattungen und eventuellen Zusatzteile und mitgelieferten Ersatzteile notiert.

Der Zustandswert
- Hier wird der tatsächlich erkennbare Zustand vom Verkäufer bestätigt und damit festgelegt.
- Sind Sie sich hier nicht sicher, sollten Sie auf jeden Fall einen Fachmann mitnehmen, der Ihnen dabei hilfreich zur Seite steht.

Der Verkäufer muss versichern, in welchem Zustand sich das Fahrzeug befindet:

Zustand 1 – Das Fahrzeug präsentiert sich in einem sehr guten und makellosen Zustand. Es hat keine technischen oder optischen Mängel und befindet sich im Originalzustand. Veränderungen sind nur dort vorgenommen, wo es die StVZO fordert.

Zustand 2 – Das Fahrzeug präsentiert sich in einem guten Zustand. Das heißt, es ist komplett und frei von Mängeln, zeigt keine Rostspuren oder Rost, hat aber übliche Gebrauchsspuren. Wesentliche Abweichungen vom Originalzustand liegen nicht vor, außer sie sind von der StVZO gefordert.

Zustand 3 – Das Fahrzeug präsentiert sich in einem gebrauchten Zustand. Es sind normale Abnutzungserscheinungen zu erkennen und kleinere Mängel, das Fahrzeug befindet sich aber in einem fahrbereiten Zustand. Dies heißt, es ist verkehrssicher und in den wesentlichen Baugruppen (Karosserie, Motor, Kraftübertragung, Radaufhängungen) original. Instandsetzungsarbeiten sind nicht nötig oder erkennbar. Das Fahrzeug weist keinerlei Durchrostungen auf.

Zustand 4 – Das Fahrzeug präsentiert sich in einem verbrauchten Zustand und ist nur bedingt fahrbereit. Für die Verkehrssicherheit übernimmt der Verkäufer keine Gewähr. Kleinere Teile können fehlen. Abweichungen vom Originalzustand und leichte

Der Handschlag allein reicht heute nicht mehr beim Oldtimerkauf (im Bild: eine Borgward Isabella Deluxe).

bis mittelschwere Durchrostungen sind möglich. Sofortige Instandsetzungsarbeiten sind nötig.

Zustand 5 – Das Fahrzeug befindet sich in einem defekten Zustand. Es ist nicht oder nur ungenügend restauriert bzw. teilweise oder komplett zerlegt. Es ist weder fahrbereit noch verkehrssicher. Der Verkäufer übernimmt keine Gewähr für Originalität oder Vollständigkeit des Fahrzeugs. Eine Vollrestauration ist nötig.

Erweiterungen der Zustandswert-Beschreibung: Die Beschreibung des Fahrzeuges sollte in einem weiteren Absatz noch näher ausgeführt und als Ergänzung zum Zustandswert angehängt werden. Hier werden Ergänzungen gemacht, die von den Zustandszusicherungen aus Punkt 2 abweichen. Es wird beschrieben, was an den einzelnen Fahrzeugbereichen wie Karosserie und Rahmen, Innenraum, Fahrwerk, Motor und Elektrik sowie

Getriebe mit Antriebseinheit als Abweichung festgestellt wurde. Halten Sie auch bereits durch den Verkäufer getätigte Instandsetzungsarbeiten in einem Punkt „Sonstiges" fest.

Gewährleistung

Die Gewährleistung stellt sich immer als ein sehr heikles Thema dar. Oft wird versucht, sie seitens des Verkäufers auszuschließen. Es gibt aber ganz klare gesetzliche Regelungen; denn speziell hier hat sich das Gesetz im Jahr 2002 erheblich im Interesse des Käufers geändert.

Eine Gewährleistung ist eine **Zusicherung des Fahrzeug-Zustands bei der Übergabe**. Privatpersonen als Verkäufer können die Gewährleistung ausschließen. Falsch gemachte Angaben können jedoch in Regress gezogen werden. Viele private Verkäufer möchten natürlich die Haftung für kalkulierbare Risiken ausschließen. Dennoch ist es verboten, den Käufer unangemessen gegen Treu und Glauben zu benachteiligen.

Deshalb notieren Sie wirklich alles, was der Verkäufer Ihnen zum Zustand des Fahrzeuges angibt: mögliche Schäden, Überholungen, auch die Restauration und wann Sie bei welcher Firma durchgeführt wurde. Nur zugesicherte Aussagen nützen Ihnen später im Falle einer Reklamation und eines Gewährleistungs-Regresses. Nur die Aussage „das Fahrzeug hat TÜV und ein H-Kennzeichen" nützt Ihnen in der Praxis nichts.

Händler können die Gewährleistung bis auf wenige Ausnahmen nicht mehr ausschließen. Sie haften auch bei gebrauchten Gegenständen mindestens ein Jahr für den mangelfreien Zustand und die Funktionsfähigkeit. Innerhalb des ersten halben Jahres nach der Übergabe des Objektes obliegt der Händler sogar einer Beweislastumkehr. Dies bedeutet für den Käufer im Falle auf-

Pflicht: Schließen Sie einen ordentlichen Kaufvertrag ab; der Handschlag ist anschließend die Kür.

tretender Mängel, dass automatisch davon ausgegangen wird, dass die Mängel bereits bei der Übergabe vorhanden waren. Der Verkäufer müsste beweisen, dass das Objekt mangelfrei übergeben wurde. Im zweiten halben Jahr der Gewährleistung liegt die Beweispflicht beim Käufer, der dann beweisen muss, dass die innerhalb der Gewährleistungsfrist aufgetretenen Mängel schon bei der Übergabe vorhanden waren.

Die Gewährleistung wird immer wieder mit der Garantie verwechselt. Wie oben beschrieben, bezieht sich die Gewährleistung nur auf den Zustand des Fahrzeugs bei der Übergabe und schließt nur Mängel ein, die offensichtlich bereits bei der Übergabe vorhanden waren und nicht erkannt wurden.

Garantie

Die **Garantie** ist eine Leistung die sich auf entstehende Mängel innerhalb einer Garantiezeit, meist ein bis zwei Jahre, bezieht. Dies bedeutet, dass alle Mängel, die offensichtlich nach der Übergabe entstanden sind, in diese Garantie fallen. In der Regel ist die Garantie beim Oldtimer-Handel nicht üblich.

Kaufpreis & Zahlung

Legen Sie auch den Kaufpreis schriftlich im Vertrag fest. Dieser sollte nicht nur in Ziffern, sondern unbedingt auch ausgeschrieben festgehalten sein. Stellen Sie im Vertrag auch dar, wie der Kaufpreis gezahlt wird – bar oder per Überweisung bis zu einem bestimmten Datum. Auch im Falle einer Ratenzahlung sollte diese im Vertrag klar ausgewiesen sein.

Die Übereignung

In diesem Absatz wird die Übereignung festgelegt. In der Regel genügt folgende Formulierung:

Das Fahrzeug wird dem Käufer bei Übergabe übereignet, sofern der Kaufbetrag in voller Höhe bezahlt ist. Bei einer Anzahlung verpflichtet sich der Verkäufer das Fahrzeug zu übereignen, sobald der Kaufpreis in voller Höhe bezahlt ist. Bis zur Zahlung des Kaufbetrages in voller Höhe bleibt das Fahrzeug im Besitz des Verkäufers, und der Käufer verpflichtet sich, das Fahrzeug dem Verkäufer auf Verlangen bis zur Zahlung des Kaufbetrages in voller Höhe jederzeit wieder auszuhändigen. Mit der endgültigen Übereignung gehen auch alle Papiere an den Käufer über.

> **Checkliste: Gewährleistung**
>
> Die Gewährleistung ist eine Zusicherung des Zustands des Fahrzeuges bei der Übergabe. Privatverkäufer dürfen die Gewährleistung ausschließen. Gewerbliche Händler dürfen die Gewährleistung nur von der gesetzlichen Frist von zwei Jahren auf ein Jahr reduzieren. Gewährleistungsausschlüsse durch gewerbliche Verkäufer sind unwirksam.
>
> ✓ Lassen Sie alle Versprechungen und Zusicherungen schriftlich im Kaufvertrag als „zugesicherte Eigenschaft" festhalten und unterschreiben.
> ✓ Besonders wenn Sie ein sehr hochwertiges und entsprechend kostspieliges Fahrzeug erwerben, sollte der Verkäufer bereit sein, Gewährleistung zu übernehmen.
> ✓ Achten Sie darauf, ob ein Händler ein Fahrzeug wirklich selbst anbietet oder nur als „Vermittler" auftritt und der eigentliche Verkäufer am Ende eine Privatperson ist.
> ✓ Achten Sie auch bei fertig vorformulierten Verträgen auf das Kleingedruckte, selbst wenn der Händler die angebotenen Fahrzeuge immer mit seinem Formular verkauft. Sie haben Anspruch auf Veränderung; andernfalls treten Sonderregelungen zum Schutze des Käufers in Kraft.

Kauf im Ausland

Sie haben Ihren Oldtimer endlich gefunden, aber er steht jenseits der Landesgrenze? Die Einfuhr aus anderen EU-Ländern ist problemlos. Aufwändiger ist eine Einfuhr aus den USA und Kanada. Auch aus der Schweiz ist der Import von Fahrzeu-

Kaufen Sie ein Fahrzeug außerhalb der EU, so fallen keine Steuer und kein Zoll an.

gen nicht ohne Hürden. Fragen Sie den Verkäufer, welche weiteren Kosten auf Sie zukommen, denn in den USA gibt es beispielsweise eine bei uns unbekannte Kaufsteuer, die in den unterschiedlichen Bundesstaaten in der Höhe variiert. Wer das Fahrzeug selbst auf Achse nach Hause holt, kann eine Überführungsversicherung abschließen (zum Beispiel beim ADAC). Sie gilt für vier Wochen, vorausgesetzt, der Wagen war im Herkunftsland angemeldet.

Kauf im EU-Ausland

Seit 1993 fallen kein Zoll und keine Mehrwertsteuer mehr an – bei Verkäufen zwischen Privatpersonen sowieso nicht, aber auch beim Erwerb von einem Händler bleibt die im Kaufpreis enthaltene Mehrwertsteuer, die Sie im EU-Ausland bezahlt haben, dort und ist nicht mehr – wie früher üblich – erstattbar.

Kauf außerhalb der EU

Beim Import aus einem außereuropäischen Land werden die Zollformalitäten im ersten Land der EU, in dem der Oldtimer ankommt, erledigt. Sie haben nun die Möglichkeit, die komplette Verzollung gleich dort vorzunehmen oder aber mit einem dort ausgehändigten Einfuhrbeleg in ihrem Wohnort beim Zoll vorzusprechen. Ist ihr Oldtimer bei der Zollbehörde als Einfuhr angemeldet, kann es sein, dass Sie eine Kaution, die später mit dem eigentlichen Zoll verrechnet wird, hinterlegen müssen. Die Kosten für einen Pkw (Tarifposition 9703) liegen bei zehn Prozent Zoll, dazu kommen 19 Prozent Einfuhrumsatzsteuer. Grundlage der Berechnung ist der Kaufpreis zuzüglich der Transportkosten. Mit einigen Ländern (beispielsweise die Schweiz und Norwegen) hat die EU Abkommen, wonach die Zollzahlung bei einem Re-Import entfällt, wenn nachgewiesen ist, dass das Fahrzeug ein EU-Produkt oder eines des präferenzbegünstigten Landes ist. Dieser Nachweis heißt Ursprungs-Nachweis.

Die Zulassung – Arten und Kosten

Die Art der Zulassung Ihres Oldtimers hängt maßgeblich davon ab, wie Sie Ihr Fahrzeug zukünftig nutzen wollen: Als alltagstauglicher Begleiter das ganze Jahr hindurch, für ein paar Monate im Jahr oder vielleicht doch nur, um es auf Veranstaltungen „spazieren zu fahren".

Das H-Kennzeichen

Ist ein Fahrzeug vor mehr als 30 Jahren erstmals zum Verkehr zugelassen worden und wird dieses Fahrzeug zur Pflege des kraftfahrzeugtechnischen Kulturgutes eingesetzt, gilt das Fahrzeug als Oldtimer. Seit Inkrafttreten der steuervergünstigten Zulassungsmöglichkeit als Oldtimer mit dem H-Kennzeichen nach StVZO im Jahr 1979 steigt die Zahl der Oldtimer mit H-Kennzeichen kontinuierlich, dem Verhältnis der wachsenden Gesamtzulassungen von Fahrzeugen entsprechend. Ein Oldtimer kann nur am Hauptwohnsitz zugelassen werden.

Checkliste: H-Kennzeichen-Oldtimer zulassen

Folgende Dokumente brauchen Sie:
- ✓ Personalausweis oder Reisepass i. V. m. Meldebestätigung des Halter
- ✓ Für Firmen: Gewerbe- bzw. Handelsregisterauszug sowie Vollmacht und Ausweis des Geschäftsführers oder Prokuristen
- ✓ Einzugsermächtigung einschließlich Vollmacht, gegebenenfalls die Vollmacht für einen Vertreter und dessen Ausweis oder Pass
- ✓ Zulassungsbescheinigung Teil I oder Fahrzeugschein bzw. Abmeldebescheinigung (wenn das Fahrzeug vor dem 01.10.2005 abgemeldet wurde)
- ✓ Zulassungsbescheinigung Teil II oder Fahrzeugbrief
- ✓ 7-stellige eVB-Nummer von der Versicherung
- ✓ Gutachten für die Einstufung eines Fahrzeugs als Oldtimer gem. § 23 StVZO muss vorliegen
- ✓ Prüfbericht der gültigen Hauptuntersuchung (nach § 29 StVZO oder bei fehlenden Zulassungsdokumenten ein Gutachten nach § 21 StVZO)
- ✓ Kennzeichen (nur, wenn das Fahrzeug noch zugelassen ist)

Das rote 07er-Wechselkennzeichen

Rote Kennzeichen können zur wiederkehrenden Verwendung an Besitzer von Oldtimer-Fahrzeugen zur Teilnahme an Veranstaltungen ausgegeben werden, die der Darstellung von Oldtimer-Fahrzeugen und der Pflege des kraftfahrzeugtechnischen Kulturgutes dienen. Es können bis zu zehn Fahrzeuge damit bewegt werden. Auch hier gilt: Das Fahrzeug muss mindestens 30 Jahre alt sein, weitgehend dem Originalzustand entsprechen und der Pflege des historischen Kulturgutes dienen (§ 28 Straßenverkehrs-Zulassungs-Ordnung – StVZO – in Verbindung mit der 49. Ausnahmeverordnung zur StVZO).

Das rote Kennzeichen berechtigt nicht nur zur Teilnahme an Veranstaltungen zur Pflege des kraftfahrzeugtechnischen Kulturgutes, sondern auch zur An- und Abreise und für Prüfungs-, Probe- und Überführungsfahrten. Fahrten zur Reparatur oder Wartung sind ebenfalls erlaubt.

Das Saison-Kennzeichen

Dieses Kennzeichen wird nach vollen Monaten der Betriebszeit berechnet, das können mindestens zwei und höchstens elf pro Jahr sein. Im gewählten Zeitraum ist das Fahrzeug automatisch an- bzw. abgemeldet, aufwändiges An- und Abmelden entfällt. Der Zeitraum der Zulassung ist am rechten Rand des Nummernschildes zu lesen. Die Berechnungsgrundlage ist gleich wie bei der normalen Zulassung, die jedoch für zwölf Monate gilt. Mit dieser Zulassungsart gibt es keine Einschränkungen bei Fahrten ins Ausland.

Voraussetzungen, Hürden, Nachteile
Eine **vorübergehende Stilllegung des Fahrzeugs ist verpflichtend**, um illegale Doppelanmeldungen auszuschließen. (Nach der Stilllegung entfällt das Fahrzeug nach zwölf Monaten automatisch in den nachfolgenden Statistiken des KBA Flensburg.)

Checkliste: 07er-Kennzeichen beantragen
- ✓ Schriftlicher Antrag mit Angaben zum betreffenden Kraftfahrzeug und Halter
- ✓ Führungszeugnis vom Bundeszentralregister in Bonn (gibt es bei der Einwohnermeldebehörde)
- ✓ Auszug aus dem Verkehrszentralregister des Kraftfahrt-Bundesamtes (KBA)
- ✓ Nachweis, dass es sich bei dem Fahrzeug um einen Oldtimer handelt bzw. Gutachten eines Sachverständigen, das das Fahrzeug als historisch ausweist (§ 21 c StVZO)
- ✓ Versicherungsbestätigung
- ✓ Nachweis, dass das Fahrzeug an Veranstaltungen zur Förderung des kraftfahrzeugtechnischen Kulturgutes teilgenommen hat (zum Beispiel durch Teilnahmebescheinigungen, Nennungsbestätigungen, Clubbescheinigungen oder Ähnliches)
- ✓ Nach Prüfung entscheidet die Zulassungsstelle, ob das Kfz der Vorschrift der 49. Ausnahmeverordnung zur StVZO entspricht. Daten wie Fahrzeugbrief, Herstellerbescheinigung oder ggf. Bestätigung eines autorisierten Markenclubs sind zur Erstellung des Fahrzeugscheines notwendig.

Sie müssen nicht mehr als einen Oldtimer oder Youngtimer haben. Normalerweise dürfen zehn Fahrzeuge damit abwechselnd bewegt werden, in Ausnahmefällen sogar bis zu 20. Ein zusätzlich ganzjährig angemeldetes Fahrzeug ist gesetzlich nicht verpflichtend.

Nachteil Grenze: Mit diesem Kennzeichen kann man grundsätzlich auch zu Oldtimer-Veranstaltungen ins Ausland reisen, es gibt jedoch immer wieder Vorfälle, bei denen die ausländischen Behörden (Frankreich, Belgien und Tschechien) Oldtimer festsetzen, da Fahrzeuge mit diesem Wechselkennzeichen nicht regelmäßig dem TÜV vorgefahren werden müssen. Aufgrund bilateraler Abkommen wird das 07-Kennzeichen in Österreich und Italien anerkannt, in der Schweiz und Holland geduldet.

Die Zulassung – Arten und Kosten

Belegt mit vielen Details auch die Fahrzeughistorie des Oldtimers: der alte Fahrzeugbrief

Nachteil Bürokratie: Der Halter muss fortlaufende Aufzeichnungen führen, aus denen das verwendete Rote Kennzeichen, der Tag der Fahrt, die Art und der Hersteller des Fahrzeugs, die Fahrzeug-Identifizierungsnummer und die Fahrtstrecke ersichtlich sind.

Die Aufzeichnungen sind ein Jahr lang aufzubewahren und zuständigen Personen auf Verlangen jederzeit auszuhändigen.

Vorteil Versicherung: Im Regelfall wird das teuerste Fahrzeug als Grundlage genommen. Die anderen Fahrzeuge der Sammlung gelten als mitversichert.

Kosten der Zulassung

In der Regel berechnen die Zulassungsstellen 96 Euro Gebühr, 28 Euro für die Kennzeichen sowie eine pauschale Jahressteuer von 191,73 Euro. Weitere Kosten entstehen durch die Haftpflichtversicherung.

Die 49. Ausnahme-Verordnung StVZO

Abweichend von § 18 Abs. 1 der Straßenverkehrs-Zulassungsordnung (StVZO) benötigen Kraftfahrzeuge, die aktiv an Veranstaltungen teilnehmen, die der Darstellung von Oldtimer-Fahr-

Was muss ich vor dem Oldtimer-Kauf beachten?

Ausfahrt im Oldtimer: Besonders Roadster wie dieser Fiat 1500 sind begehrte Raritäten.

zeugen und der Pflege des kraftfahrzeugtechnischen Kulturgutes dienen, hierfür sowie für Anfahrten zu und Abfahrten von solchen Veranstaltungen keine Betriebserlaubnis und kein amtliches Kennzeichen, wenn rote Kennzeichen ausgegeben werden. Dies gilt auch für Fahrten der betreffenden Kraftfahrzeuge zum Zwecke der Begutachtung, Prüfung, Reparatur oder Wartung, zur Überführung an einen anderen Standort oder zur Feststellung und zum Nachweis der Gebrauchsfähigkeit. Abweichend von § 28 StVZO dürfen für Fahrten nach Satz 1 und 2 rote Kennzeichen ausgegeben und verwendet werden.

Absatz 1 gilt für die Ausgabe von roten Kennzeichen zur wiederkehrenden Verwendung nur dann, wenn der Antragsteller seine Zuverlässigkeit durch Beibringen eines Führungszeugnisses, das nach den Vorschriften des Bundeszentralregistergesetzes zur Vorlage bei der Zulassungsstelle zu beantragen ist, und durch einen Auszug aus dem Verkehrszentralregister, der zum Zeitpunkt der Antragstellung nicht älter als einen Monat sein darf, nachweist und der Antragsteller sämtliche Fahrzeuge, die mit dem amtlichen Kennzeichen versehen werden, in einer Liste aufführt und der Zulassungsstelle auf Verlangen vorlegt und aushändigt. Im Übrigen findet § 28 Abs. 3 StVZO mit der Maßgabe Anwendung, dass die Zulassungsstelle die besonderen Fahrzeugscheine je Fahrzeug ausstellt.

Unberührt bleiben Erlaubnis- und Genehmigungspflichten, soweit sie sich aus anderen Vorschriften, insbesondere aus § 29 Abs. 2 der Straßenverkehrsordnung, ergeben.

Ansonsten gelten folgende Vorschriften, Verordnungen und Regeln: Für die Erteilung eines roten Sammlerkennzeichens ist die Zugehörigkeit zu einem (Oldtimer-)Verein nicht Voraussetzung. Das rheinland-pfälzische Ministerium für Wirtschaft und Verkehr hat als Erstes festgestellt, dass „wenn bei Fahrzeugen wegen der unterschiedlichen Anbringungsstellen mehr als zwei Kennzeichenschilder erforderlich sind, keine Bedenken bestehen, als Nachweis bis zu 2 einzeilige und 2 zweizeilige Schilder des betreffenden Kennzeichens abzustempeln".

Nach § 28 StVZO Abs. 3, der neben anderen Kennzeichen auch für die roten Oldtimerkennzeichen gilt, sind über die Fahrten „fortlaufende Aufzeichnungen zu führen, aus denen das verwendete rote Kennzeichen, der Tag der Fahrt, die Art und der Hersteller des Fahrzeugs, die Fahrzeug-Identifizierungsnummer und die Fahrtstrecke ersichtlich sind. Die Aufzeichnungen sind ein Jahr lang aufzubewahren und zuständigen Personen auf Verlangen jederzeit auszuhändigen".

Steuer
Egal, ob Sie nun Ihren Oldtimer mit einer H-Nummer fahren oder mit einem 07-Wechselkennzeichen – die Kraftfahrzeugsteuer kostet Sie in beiden Fällen 191 Euro pro Jahr (Stand Dezember 2010).

Zulassung
Die Kosten für die Zulassung sind je nach Stadt unterschiedlich. Erkundigen Sie sich am besten bei der Zulassungsstelle oder auf den Internetseiten der jeweiligen Städte.

07-Kennzeichen
Maximal 205 Euro werden für die Zuteilung des roten 07-Kennzeichens in München fällig sowie 10,20 Euro pro Fahrzeugschein und Fahrzeug ab dem zweiten Fahrzeug. Fürs Wunschkennzeichen kommen 10,20 Euro hinzu.

Gesprächsstoff
Neuregelung des Wechselkennzeichens
Bei Redaktionsschluss liefen Gespräche über ein neues Gesetz zur Regelung des Wechselkennzeichens. Von der Regierung war eine Zusage zur Änderung des bestehenden Gesetzes bereits vorhanden, doch war die praktische Umsetzung (Versicherung, Hauptuntersuchung, Diebstahlsicherung, Gestaltung der neuen Nummernschilder usw.) völlig unklar.

In Böblingen in Baden-Württemberg liegen die Preise je nach Aufwand zwischen 26,30 Euro und 207,60 Euro. Die Verwaltungsgebühr für das rote Oldtimer-Kennzeichen beträgt in Chemnitz in Sachsen beispielsweise 67,20 EUR.

H-Kennzeichen

Zahlt man in München 25,60 Euro (Stand Dezember 2010), kostet das H-Kennzeichen in Böblingen mindestens 30 Euro. Dafür kostet Sie in München das Wunschkennzeichen noch einmal 10,20 Euro extra.

Die Umweltzonen

Oldtimer mit H-Kennzeichen dürfen laut gültiger Ausnahmeregelung auch ohne Plakette in alle bestehenden Umweltzonen fahren. Für die Kleinsten wie beispielsweise Messerschmitt, Isetta oder Heinkel lohnt sich oft der für das H-Kennzeichen geltende Pauschalsteuersatz von 190 Euro nicht, sondern es ist günstiger, das Gefährt als normalen Pkw zuzulassen.

Es gibt die Möglichkeit zur Ummeldung in die EU-Fahrzeugklasse L. Dazu muss die Hinterachsspur des Fahrzeuges allerdings schmaler als 460 Millimeter sein, damit auch ein Vier-Räder-Oldtimer behandelt wird wie ein dreirädriges Fahrzeug als Klasse L5e (Hubraum größer als 50 Kubikzentimeter, Höchstgeschwindigkeit über 45 km/h). Die Umschreibung erfordert die Vorfahrt bei der Prüfstelle und die Begutachtung durch einen Sachverständigen.

Da nicht alle Polizisten und Politessen über die Regelung informiert sind, empfiehlt der TÜV Nord, auch beim Parken eine Kopie des Fahrzeugscheines hinter die Windschutzscheibe zu legen. Für andere Oldtimer, die nicht mit H-Kennzeichen gefahren werden, empfiehlt sich übrigens auch, bei Einfahrt in die Umweltzone eine Kopie des Oldtimer-Gutachtens oder der FIVA-ID Card dabei zu haben.

Gesprächsstoff
Kostengünstiges H-Kennzeichen?

Immer wieder liest man, dass sich die Zahl der Fahrzeuge, die mit H-Kennzeichen bewegt werden, rekordverdächtig nach oben schraubt. Als Grund für die Zunahme wird häufig das Fahren von alt gewordenen Alltagsfahrzeugen mit H-Kennzeichen genannt, die nicht als mobiles erhaltbares Kulturgut gehalten, sondern nur kostengünstig gefahren werden.

Doch die Zunahme der H-Kennzeichen liegt nicht bei den „jungen" 30- bis 34-jährigen Oldtimern. Von 2007 bis 2009 sank die Zahl der 30- bis 34-jährigen Oldtimer-Pkw mit H-Kennzeichen von über 41.000 auf ca. 34.300, also um knapp 17 Prozent. Man vermutet, dass die mit 01.03.2007 eingeführte Überprüfung der Einhaltung der H-Kriterien bei jeder Hauptuntersuchung Wirkung zeigte. Ein Anstieg von rund 30 Prozent ist bei den mindestens 50-jährigen Oldtimern (2007: über 17.500 Fahrzeuge; 2009: 22.700 Fahrzeuge) zu verzeichnen. Bei den mindestens 40-Jährigen tragen zwei Drittel das H-Kennzeichen. Vielerorts wurden durch die Einführung der Umweltzonen Fahrzeugbesitzer, die bisher das H-Kennzeichen aus diversen Gründen (Erhaltung des DIN-Kennzeichens, eventuell günstigere Versicherungsprämie bei Zulassung mit Saisonkennzeichen bis ca. zwei Liter Hubraum oder bei Normalzulassung bis ca. 700 Kubikzentimeter Hubraum) vermieden hatten, vor die Alternative gestellt: entweder auf das H-Kennzeichen umsteigen oder aus den Umweltzonen ausgesperrt bleiben.

Das Fahrzeug richtig beurteilen und fahren

Der Wunsch-Oldtimer ist gefunden. Hält er, was er äußerlich verspricht? Alles Wichtige für eine intensive Prüfung … bevor Sie sich auf diese neue Auto-Beziehung einlassen.

Das Fahrzeug beurteilen

Bei der Begutachtung eines Oldtimers sollte man immer einen Fachmann oder einen kundigen Kenner der Marke und des Fahrzeugtyps mitnehmen. Lesen Sie sich unbedingt mehrere Kaufberatungen durch und machen Sie sich eine Liste der möglichen Schwachstellen. So stellen Sie sicher, dass Sie vor Ort nichts vergessen.

Bevor Sie den oft langen Weg zu einer Fahrzeugbesichtigung auf sich nehmen, sollten Sie vorab schon einige Fragen an den Verkäufer stellen. Lassen Sie sich eventuell entsprechende Kopien oder Unterlagen per Mail oder Fax schicken.

Bei einem **Kauf aus der Ferne gilt**: Auch wenn eine Anzeige und die zugesendeten Unterlagen das Fahrzeug noch so gut beschreiben, um eine Besichtigung kommen Sie nicht herum, wenn Sie kein Risiko eingehen wollen. Fotos alleine reichen nicht aus, um Details des Zustandes zu ermitteln. Oft sehen Fahrzeuge auf Fotos besser aus als in Wirklichkeit; so manches dieser Fotos wurde schon vor einiger Zeit gemacht. Einer Erhebung zufolge sind 50 Prozent der Käufe, die ohne Besichtigung getätigt wurden, Fehlkäufe.

Wenn Sie das Fahrzeug nicht persönlich besichtigen können, beauftragen Sie vor Ort jemanden mit der Begutachtung – eine Investition, die sich auszahlt. Es gibt Werkstätten oder Gutachter, die das für Sie erledigen können. Eine gute Möglichkeit ist auch, den ortsansässigen Markenclub zu kontaktieren. Auch dort gibt es sicher einen Experten, der sich mit dem Fahrzeug auskennt. Geben Sie ihm in jedem Fall all Ihre Punkte, die

Holen Sie sich professionelle Unterstützung bei der Begutachtung Ihres vielleicht künftigen Oldtimers.

Sie gerne begutachtet hätten, und bitten Sie ihn, dass er nochmals Fotos für Sie macht.

Stellen Sie dem Verkäufer die richtigen Fragen

- Wie lange ist der Oldtimer im Besitz des Verkäufers? Wenn er den Wagen erst kürzlich gekauft hat, achten Sie besonders auf die Glaubwürdigkeit der Begründung, warum er den Oldtimer so schnell wieder verkauft.
- Fragen Sie nach Fahrzeug-Papieren, vor allem nach dem Original-Fahrzeugbrief. An diesem kann man sehr gut die Historie des Fahrzeuges ablesen. Vergleichen Sie die Angaben im Fahrzeugbrief und im Schein mit den Nummern am Fahrzeug.
- Prüfen Sie, ob der Verkäufer der rechtmäßige Eigentümer ist.
- Extreme Vorsicht ist geboten, wenn kein Kfz-Brief mehr vorhanden ist. Lassen Sie sich unbedingt eine legitimierte, eidesstattliche Versicherung über den Verlust des Kfz-Briefes geben. Ein weiterer Eigentumsnachweis – sollte der Zulassungsnachweis Teil 2 (ehemals Kfz-Brief) fehlen – ist auch der Nachweis über die Zahlung der Kfz-Steuer oder der Versicherung. Auch Belege über die Zahlung der laufenden Kosten wie Benzin, Reparaturen und sonstiger Unterhalt des Kfz helfen, zu belegen, dass das Fahrzeug wirklich Eigentum des Verkäufers ist.

Welche Historie hat das Fahrzeug?

Versuchen Sie, die Historie des Oldtimers nachzuvollziehen:
- Fragen Sie nach einem Servicehandbuch. Gibt es eine Restaurations-Dokumentation?
- Lassen Sie sich Rechnungen über die Restauration zeigen.
- Lassen Sie sich Zeit und prüfen Sie, ob die Rechnungen glaubwürdig sind.
- Verlangen Sie nach einem Gutachten. Achten Sie dabei darauf, dass es aktuell ist.

- Wenn der Verkäufer kürzlich eine Restauration vorgenommen hat, fragen Sie nach einer Foto-Dokumentation. Die meisten, ob privat oder gewerblich, haben eine entsprechende Dokumentation. Sie gibt Ihnen sehr gut Aufschluss über den Zustand des Fahrzeuges und darüber, was genau restauriert worden ist.

Was nehme ich zur Begutachtung mit?

Checkliste der Schwachstellen: Haben Sie die Checkliste mit den Schwachstellen schon erstellt? Im Buchhandel finden Sie dazu Unterstützung. Für viele Marken und Fahrzeugtypen gibt es „Kaufberater" (Englisch „Buyer's Guide"). Diese Werke sind meist nicht sehr teuer und geben gute Hinweise auf kritische Stellen und versteckte Mängel.

Technische Hilfsmittel: Um ein Fahrzeug wirklich gründlich durchzuchecken, bedarf es auch einer Grundausstattung an technischen Hilfsmitteln. Man muss sich die Gerätschaften nicht alle anschaffen, es gibt sie zu mieten oder eventuell auch bei einem Gutachter gegen Kaution auszuleihen.

Vergleichsbilder: Besorgen Sie sich, bevor Sie das Fahrzeug besichtigen, gute Fotos von original belassenen Fahrzeugen der gleichen Baureihe – und zwar auch vom Interieur. Sie helfen Ihnen bei der Bewertung des Zustandes.

Wie reagiert der Verkäufer? Achten Sie darauf, ob der Verkäufer all ihre Fragen direkt beantwortet. Wenn er versucht abzulenken und ihre Aufmerksamkeit immer wieder auf etwas anderes leiten möchte, sollten Sie gewarnt sein.

Seien sie hellhörig, wenn der **Verkaufspreis verlockend niedrig** ist. Kein Verkäufer will etwas verschenken. An solch einem Fahrzeug stimmt etwas nicht.

Hilfsmittel für den Oldtimer-Check

Magnet: Mit einem einfachen Magnet können Sie die Karosserie auf „Spachtelkunst" prüfen. Befindet sich Spachtel unter dem Lack, haftet der Magnet nur schlecht oder gar nicht. Wie dick der Spachtel in etwa aufgetragen ist, können Sie mit ein paar Blättern eines Post-it-Blocks testen. Legen Sie an einer nicht gespachtelten Fläche ein Blatt nach dem anderen unter den Magnet, bis er nur noch die Haftkraft hat, die er an der verdächtigen Stelle hatte.

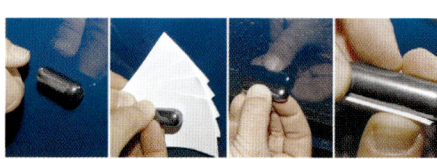

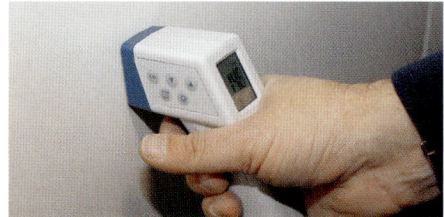

Lackprüf-Gerät: Nach einer ausführlichen Kalibrierung kann man mithilfe eines Lackprüfgerätes die Lackstärke messen und Spachtelstellen aufdecken. Auch die Gleichmäßigkeit der Lackierung und ausreichende Lackdichte lassen sich so messen. Ist die Lackdichte zu dünn, kann beim Nassschleifen oder aber auch Polieren der metallische Untergrund hervorkommen. Alte Lacke, die zu oft poliert wurden, sind besonders auf der Motorhaube zumeist bereits sehr dünn.

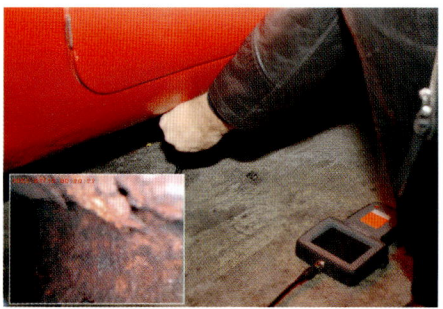

Endoskop: Karosserie-Hohlräume und Motor sind ohne Hilfsmittel nicht prüfbar. Besonders die Schweller eines Oldtimers können von innen ein wahrer Rostherd sein. Hier bekommen Sie die Wahrheit nur mit einem Endoskop zu sehen.

Kreditkarte: Diese benötigen Sie nicht zum Zahlen, sondern zum Prüfen von Kanten und Spaltübergängen.

Kleiner Holzkeil: Der Holzkeil dient dazu, sogenannte Spaltmaße abzunehmen. Diese sind bei einer großen Abweichung ein Indiz für einen möglicherweise vorausgegangenen Unfall.

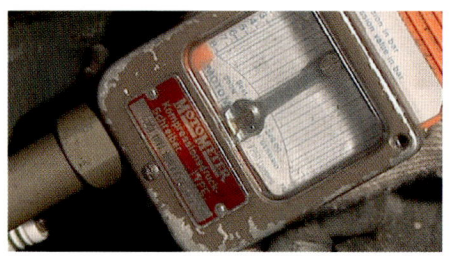

Kompressionsdruck-Messgerät: Mit diesem Prüfgerät lässt sich über die Zündkerzen-Löcher der Kompressionsdruck auf allen Zylindern prüfen.

Taschenlampe

Ihre **Checkliste** und **Original-Fotos** für den Vergleich.

Auf den ersten Blick

Der Blick unter das Fahrzeug auf der Hebebühne ist unverzichtbar und bewahrt Sie vor Überraschungen.

Machen Sie sich **Notizen und Bilder über eventuelle Schäden**. So können sie sich einen Kostenvoranschlag bei einer Fachwerkstatt einholen oder einen Überblick über die Preise der Ersatzteile bekommen.

Insider-Wissen: Suchen Sie im Internet nach Kaufberatungen, Clubs und Foren, bei denen Sie sich eventuell Insider-Wissen besorgen können, bevor sie sich das Fahrzeug anschauen. Wenn Sie sich selber nicht sicher sind, nehmen Sie sich unbedingt einen Fachexperten mit oder fordern Sie den Verkäufer auf, mit dem Fahrzeug zu einer Fachwerkstatt zu kommen. Die Kosten für einen Fachmann zahlen sich am Ende immer aus, denn jedes Modell hat Eigenheiten, die für Sie schon beim Kauf wissenswert sind.

EXPERTEN-TIPP **Licht & Trockenheit**
Haben Sie einen Besichtigungs-Termin vereinbart, ist es ratsam, ihn zu verschieben, falls es regnet oder schneit und das Fahrzeug nicht im Trockenen steht. An einem nassen Fahrzeug lassen sich viele Mängel gar nicht erkennen. Ebenso schwierig ist die Beurteilung eines Fahrzeugs, das in einer düsteren Garage oder Halle steht. Bitten Sie den Verkäufer, das Fahrzeug ins Freie zu bringen – eine Besichtigung sollte immer bei Tageslicht erfolgen. Planen Sie genügend Zeit ein für Ihre Begutachtung.

Auf den ersten Blick

Auf den folgenden Seiten erfahren Sie, welche Punkte besonders wichtig sind, wenn Sie ein Fahrzeug (zunächst) selbst begutachten.

Die schnelle Basis-Inspektion

- Umrunden Sie zunächst einmal komplett das Fahrzeug und machen Sie die Basis-Inspektion. Achten Sie auf Originalität an den Karosserieteilen. Wie sitzen Türen, Motorhaube, Kofferraum und Stoßstangen?
- Schauen Sie sich den Kofferraum von innen an. Heben Sie die Matten an, denn oft verbirgt sich gerade dort ein Rostherd. Das Gleiche gilt für die Fahrgastzelle – heben Sie auch dort die Fußmatten an, um das Bodenblech zu checken.

Prüfen Sie, ob die Nummern am Auto mit denen in den Papieren übereinstimmen.

- Schauen Sie sich die Zierteile und den Lack um die Zierteile genau an. Bilden sich dort bereits Lackblasen, ist dies ein Hinweis auf Rost am Blech.
- Lassen Sie sich die Fahrgestell-, Motor- und Getriebenummer zeigen und vergleichen Sie diese mit den vorgelegten Papieren. Schauen Sie sich die eingeschlagene Fahrgestellnummer ganz genau an. Fahrgestellnummern sind immer sehr deutlich am Rahmen des Fahrzeuges zu sehen, da sie tief ins Metall des Rahmens eingeschlagen sind. Sind Schleifspuren oder eventuelle Beschädigungen an dieser Rahmennummer vorhanden, ist dies mit Sicherheit nicht unter legalen Bedingungen entstanden. Ein solches Fahrzeug kann auch gestohlen sein, und die Papiere stammen von einem anderen Fahrzeug. Stimmt die Fahrgestellnummer nicht mit der eingetragenen Nummer überein, sollten Sie vom Kauf Abstand nehmen.

Was ist mit Standzeiten?

Hat der Oldtimer Ihre Basis-Inspektion bestanden, können Sie mit der Detail-Begutachtung beginnen. Auch wenn das Fahrzeug äußerlich viel hermacht und in Ordnung scheint, muss geprüft werden, ob der Wagen eventuell Standschäden hat. Standschäden sind meist nicht sofort sichtbar, können Ihnen aber den Spaß an Ihrem neuen Gefährt schnell nehmen.

Eine Ihrer ersten Fragen sollte deshalb sein, wie lange der Oldtimer stillgestanden hat und außer Betrieb war. Fragen Sie, wie der Oldtimer gefahren wurde, denn auch lange Standphasen mit nur kurzen Fahrten können für einen Oldtimer nachhaltig schlecht sein.

Selbst bei trockener Lagerung können bei langer Standzeit Schäden am Oldtimer entstehen.

Reifenkontrolle: Brüchiges Material muss unbedingt ausgetauscht werden.

Standschäden verstehen

Korrosion im Motor: Wenn das Fahrzeug lange gestanden ist oder immer wieder nur wenige Kilometer bewegt wurde, kann sich im Motorraum Kondenswasser bilden, das zu Korrosion führt. Auch an den Zylinderwänden, den Lagern und Ventilsitzen können Beschädigungen eintreten. Dies geschieht, weil das Öl während des Motorlaufs Fremdstoffe (unter anderem auch leicht säurehaltige) aufnimmt. Bei sehr lange stehenden Fahrzeugen kommt es außerdem zur sogenannten Ölverharzung. Das Öl ist dann so hart, dass es bei der Fahrzeug-Inbetriebnahme mechanische Schäden verursacht.

Deformierte und rissige Reifen: Reifen haben in etwa eine Lebensdauer von fünf Jahren, bevor sie beginnen, spröde und hart zu werden. Fahren Sie auf keinen Fall mit überalterten Rädern, denn auch mit nicht sichtbaren Schäden können diese bei bestimmten Geschwindigkeiten platzen, weil die Struktur nicht mehr stabil ist. Prüfen Sie den Aufdruck seitlich auf den Reifen und suchen Sie nach Rissen in der Reifenwand. Der Aufdruck gibt Ihnen in der Verschlüsselung Auskunft über das Alter. Kontrollieren Sie auch, ob der Reifen verformt ist – auch das ist die Folge eines Lagerschadens. Steht ein Fahrzeug längere Zeit, ohne bewegt zu werden, deformiert sich das Material, weil der Reifen zu lange auf einer Stelle gestanden hat.

Marode Elektrik: Kaum zu glauben, aber auch die Elektrik mag lange Standzeiten überhaupt nicht. In erster Linie betrifft dies die Batterie. Ist eine Batterie längere Zeit nicht in Betrieb, zerstören elektrolytische Aktivitäten in der Batterie die Polplatten, und die Funktion der Batterie stürzt zusammen. Daher lassen sich Batterien, die lange gestanden haben, auch nicht mehr aufladen oder regenerieren.

Kabel-Verbindungen und Kontakte oxidieren während längerer Standzeiten und müssen sämtlich abgezogen und gereinigt werden. Kabelisolierungen können brüchig werden und verursachen eventuell bei der Wiederinbetriebnahme einen Kurzschluss.

Doch auch Lichtmaschine, Starter, elektrische Benzinpumpe und andere elektrische Bauteile bilden Korrosion. Sie kann die Wicklungen und Kontakte (Kohle- und Kupferkontakte) befallen und beeinflusst damit die Funktion der Bauteile stark – bis hin zu deren Ausfall.

Feuchtigkeit in Hydraulik und Bremsen: Bremsflüssigkeit ist hydrostatisch. Dies bedeutet, dass sie Feuchtigkeit bindet. Dadurch entsteht innerhalb des Bremssystems Rost, und der Haupt-Bremszylinder oder die Radbremszylinder können sich festfressen. Dies führt zum völligen Versagen der Bremsen. Durch die festen Zylinder können auch die Bremsschläuche, die über die Standzeit hinweg spröde geworden sind, beim Bremsvorgang platzen.

Prüfen Sie das Kühlwasser per Augenschein auf Schaum und Rostspuren.

Im Tank setzt sich nach langen Standzeiten Rost an.

Rost im Kühler: Wenn die Kühlerflüssigkeit nicht bewegt wird und auch nicht genügend Frostschutz hinzugegeben wurde, frisst das Kühlwasser das Kühlernetz von innen durch. Denn auch innerhalb der Flüssigkeit kann sich Rost bilden. Prüfen Sie daher immer die Kühlerflüssigkeit auf Rost – ein Indiz für eine lange Standzeit.

Kraftstoffsystem und Rost im Tank: Auch Benzinpumpen mögen Standzeiten gar nicht. Bei kürzeren Standzeiten muss eventuell mit der Hand das Benzin in die Benzinpumpe gepumpt werden, da die eigene Leistung nicht ausreicht, den Kraftstoff aus dem Tank bis nach vorne zu pumpen. Bei langen Standzeiten zerstört die Trockenheit in der Pumpe die Membran. Diese wird spröde, verliert ihre Funktion und muss ausgetauscht werden.

Im Tank findet sich nach langen Standzeiten wiederum Rost. Dieser Rost ist nicht zu unterschätzen, denn er verstopft bei der Wiederinbetriebnahme das gesamte Kraftstoffsystem, da die Rostpartikel mit dem Kraftstoff in die Kraftstoffleitungen gepumpt werden. Ein solcher Tank muss komplett entrostet und versiegelt werden.

Verharzungen an Schmierpunkten: Wie Öl tendieren auch Schmierstoffe zum Verharzen. Daher sollten Sie alle zu schmierenden Punkte dahingehend überprüfen, ob ein Anzeichen von Verharzung zu erkennen ist. Sind die Schmiernippel bereits verharzt, kann man davon ausgehen, dass auch innerhalb des zu schmierenden Lagers eine Verharzung angesetzt hat. Daher scheuen Sie sich nicht, sich einen Schraubenschlüssel geben zu lassen und einen Schmiernippel abzuschrauben.

Schäden an den Lagern vermeiden Sie nach langer Standzeit mit einer Motorüberholung.

Rost im Auspuff: Alle benzinbetriebenen Fahrzeuge erzeugen, bis sie auf Betriebstemperatur gekommen sind, Abgase mit Kondensation. Diese setzt sich in der Auspuffanlage ab und bildet auf Dauer gesehen eine Korrosion von innen. Daher sind auch hier kurze Fahrten eher schädlich für das Fahrzeug. Während bei längeren Strecken das Auspuffsystem so heiß wird, dass die Kondensation verdampft, reicht die Wärme nach kurzen Strecken nicht aus, um die Kondensation zu beseitigen. Zudem wirkt die atmosphärische Feuchtigkeit bei längeren Standzeiten auf das Auspuff-System. Diese Feuchtigkeit verursacht eine starke Rostbildung von innen.

„Verstopfung" im Motor: Freuen Sie sich nicht über die Aussage: Der Wagen stand viele Jahre, aber der Motor ist sofort wieder angesprungen. Motoren sollten nach einer längeren Standzeit nicht in Betrieb genommen, sondern von einem Fachmann durchgecheckt werden.

Um zu verstehen, was in einem Oldtimer-Motor passiert, der lange Jahre gestanden ist, haben wir einen Motor komplett auseinandergenommen und inspiziert. Bereits beim Abnehmen der Ölwanne erkennt man den Grund für die schweren Folgeschäden, die bei einer übereilten Wiederinbetriebnahme entstehen: Am Boden der Ölwanne hat sich eine zähe, gallertartige Masse abgelagert: teerhaltiges Öl, durchsetzt mit feinsten Metallpartikeln. Üblicherweise übernimmt ein starker Magnet an der Ölablassschraube die Funktion, die im Öl herumschwirrenden Metallpartikel zu absorbieren. Dies geschieht allerdings nur, so lange das Öl warm und flüssig ist. Startet man nun den Motor, zieht die Ölpumpe die zähe Masse in das Ölkreislauf-System. Auch die feinen Kanäle dieses Systems, das alle mechanischen Funktionsteile dauerhaft mit Öl versorgt, sind nach dem langen Stillstand nicht mehr ganz durchgängig. Beim Anlassen dringt die Masse in die Kanäle ein und verstopft die feinen Versorgungs-Stränge. In den Lagern der Kurbelwelle, der Pleuel und der Kolben entsteht eine Unterversorgung mit Öl. Der Motor dreht und erzeugt innerhalb kurzer Zeit erhebliche Temperaturen. In erster Linie beginnen die Kolbenringe, die über die lange Zeit auch brüchig geworden sind, zu glühen und schmelzen ab. Im schlimmsten Falle entsteht zudem eine extreme Reibung der Kolben in den Zylinderbuchsen, und die Kolben fressen sich fest (der „Kolbenfresser" ist am Werk).

Überprüfen Sie auch den Motorraum ganz genau.

Die zuvor beschriebenen Metallpartikel geraten weiter in die Lager und fressen sich in den Weichlagern fest. Auf Dauer brechen schließlich Stücke aus den Lagern aus und verursachen einen massiven Lagerschaden – mit oftmals nicht unbeträchtlichen Schäden an der Kurbelwelle. Für den Motor bedeutet das den sicheren Tod innerhalb kürzester Zeit.

Zudem haben die Ventilsitze über die lange Standzeit hinweg Korrosion angesetzt und schließen nicht mehr richtig. Dies kann verbrannte Ventile zur Folge haben. Auch in den Zylinderbuchsen kann sich durch eingedrungene Feuchtigkeit Rost gebildet haben. Schließlich sind auch alle Dichtungen ausgehärtet und somit nicht mehr dicht. Beim von uns inspizierten Motor war die Zylinderkopf-Dichtung nicht mehr dicht, so dass Wasser in die Brennräume eindringen konnte.

Rückstände im Vergaser: Moderne Kraftstoffe kippen relativ schnell und bilden einen klebrigen zähen Rückstand. Hat sich dieser nach langen Standzeiten abgesetzt und man setzt das Fahrzeug wieder in Betrieb, kann dieser Rückstand die Vergaser-Düsen verstopfen. In der Schwimmkammer verdampft der Kraftstoff, und zurück bleibt eine harte, filmartige Schicht.

Nach einer Standzeit von mehr als zwölf Monaten sollte der Vergaser in jedem Falle einer kompletten Restauration unterzogen werden.

Der große Schnell-Check

Die Karosserie

Untersuchen Sie mit der Taschenlampe das Fahrzeug gründlich auf Rost, auch unter dem Fahrzeug. Wenn möglich, sollten Sie den Oldtimer anheben lassen – am besten wäre es, auf eine Hebebühne zu fahren.

Achten Sie auch auf die Türunterkanten, die Schweller und alle Stellen, an denen die Karosserieteile aufeinandertreffen.

Öffnen und schließen Sie alle Türen, den Kofferraum und die Kühlerhaube. Diese sollten leichtgängig sein, die Schließmechanismen nicht klemmen oder haken. Klemmen sie doch, ist dies eventuell ein Hinweis auf einen Unfall. Überprüfen Sie die Scharniere und die Funktion der Griffe. Wenn die Scharniere sehr schwergängig sind, kann es sein, dass die Aufhängung am Blech bereits rissig ist und in kürzester Zeit bricht.

Überprüfen Sie das Spaltmaß auf der rechten und linken Seite. Ist ein Spalt breiter als der andere oder laufen die Spalten schräg auseinander, kann dies ein Hinweis auf einen vorangegangenen Unfall sein. Hier kommt nun der kleine Holzkeil zum Einsatz. Stecken Sie den Holzkeil an einer Stelle in den Spalt und zeichnen Sie mit einem Stift die Tiefe auf dem Holzkeil ein. Wenn Sie nun an einer anderen Stelle des Karosserieteils diesen Keil einsetzen, sollte die Markierung an der gleichen Stelle sitzen. Überprüfen Sie so auch auf der gegenüberliegenden Seite das Spaltmaß.

Die Kreditkarte findet ihren Einsatz bei der Überprüfung der Passgenauigkeit von Anbauteilen. Legen Sie die Karten an den Spalten an und wippen Sie die Karte über den Spalt. Sie sollte rund über den Spalt laufen. Bleibt Sie hängen oder macht sie eine leichte Stufe, wäre auch hier der Verdacht auf einen Verzug im Rahmen zu prüfen.

Prüfen Sie die Karosserie auf Unfallschäden und sichtbare Reparaturen. Darauf hinweisen kann zum Beispiel eine unterschiedliche Lackierung. Auch wenn die Grundlackierung an den Übergängen zu Gummilippen oder angrenzenden Teilen (bedingt durch das Abkleben der Restkarosserie) oder unregelmäßige Spaltmaße zu erkennen sind, sollten Sie skeptisch werden. Bei manchen Oldtimern gab es kaum gleiche Spaltmaße, da man früher nicht wirklich Wert darauf legte, genaue Spaltmaße einzuhalten. Ein zu gleichmäßiges Spaltmaß kann deshalb ein Hinweis auf eine Überrestaurierung des Oldtimers sein, was unter Umständen zu einer Wertminderung im Hinblick auf Originalität führen kann.

Nehmen Sie den Lackprüfer und suchen Sie nach Spachtelschichten. Zu dicke Spachtelschichten können reißen und fallen dann ab. Wenn Sie kein Lackprüf-Gerät haben, kann ein Magnet hilfreich sein. Testen Sie mit dem Post-It-Block, wie die Haftung bei verschiedenen Blattdichten ist (siehe Kasten „Hilfsmittel für den Oldtimer-Check", Seite 48). Das gibt Ihnen Aufschluss über die Spachtelmassen, die sich an der Karosserie befinden. Vielfach werden Roststellen oder Unfallbeulen überspachtelt. Solche Stellen können, wenn sie gut gemacht sind, äußerlich nur schwer erkannt werden. Mithilfe eines Lackprüfers erkennt man zwar die Schichtdicke, wie es jedoch unter der Spachtelstelle aussieht, bleibt verborgen. Nach einer ausführlichen Kalibrierung kann man mithilfe des Gerätes die Lackstärke messen und eventuelle Spachtelstellen aufdecken. Ein Lackmessgerät wie dieser Lackprüfer,

Ist der Chrom in Ordnung? Gerade hier kann die Ersatzteilbeschaffung ins Geld gehen.

beispielsweise erhältlich bei „Welt der Werkzeuge" (www.welt-der-werkzeuge.de), wird für die Messung einfach an der Karosserie an den zu prüfenden Stellen aufgesetzt. Zumeist sind es die Kotflügel, Schweller, Säulen, Lampengehäuse und Abschlussbleche, die von Spachtelarbeiten betroffen sind. Machen Sie mehrere Messungen an den verschiedensten Stellen. Das gibt Ihnen einen Gesamteindruck über den Zustand des Fahrzeuges. Um einen Überblick über die Dicke der Schichten zu gewinnen, zeigen wir hier vergleichbare Schichten und ihre Stärken; so versteht man besser, wie viel Lack oder auch Spachtel auf einem Fahrzeug aufgetragen ist.

Ein Streifen Tesa-Film hat in etwa eine Dicke von 1,1 Mikrometer (0,11 Millimeter) – dies wäre zu wenig für eine Lackschicht. Idealerweise hat eine Kfz-Lackschicht eine Dicke von 3,5 bis 4,5 Mikrometer (0,35 bis 0,45 Millimeter). Dies entspricht in etwa vier übereinandergeklebten Streifen Tesa-Film. Eine Visitenkarte hat in etwa neun Mikrometer. Eine Spachteldicke von ca. 40 bis 50 Mikrometern ist noch akzeptabel, schwierig wird es hingegen bei einer Dicke von mehr als fünf Millimetern. Solch dicke Schichten platzen irgendwann und fallen ab.

Chrom, Glas und Dichtungen

Prüfen Sie nun alle Chromteile. Es könnte sehr teuer werden, wenn sie ausgetauscht werden müssen. Blasen im Chrom sind ein Hinweis auf Rost unter dem Chrom. An solchen Stellen fällt das Chrom bald ab.

Sind die Scheiben in Ordnung? Ohne Steinschläge, Risse oder Schleifspuren vom Scheibenwischer? Schließen die Seitenfenster ordentlich? Sind die Wischblätter noch in Ordnung und funktionieren die Scheibenwischer?

Sind alle Dichtungsgummis noch weich und schließen dicht ab? Undichte Dichtgummis führen nicht nur zu Zugluft und erhöhtem Fahrgeräusch, sondern lassen auch Feuchtigkeit ins Fahrzeug, wodurch wiederum Rost entsteht. Undichte Fensterscheibengummis erkennen Sie an Wasserflecken an der Verkleidung oder am Dach-Himmel.

Das Fahrzeug richtig beurteilen und fahren

Widmen Sie den Lampen Zeit und checken Sie sie auf Risse oder Feuchtigkeit innen im Glas.

Heben Sie die Dichtgummis an Frontscheibe und Heckscheibe leicht an, um eventuellen Rost unter den Dichtungen zu erkennen. Wenn die Scheibengummis durch Chromleisten abgedeckt sind, sollte man auch die Kanten hinter den Chromleisten genau untersuchen. Mit einer starken Taschenlampe kann man diese Unterschneidungen gut hinterleuchten, denn gerade in diesen Ecken sammelt sich schnell Gammel.

Lampen, Gummiteile, Kühlergrill
Testen Sie alle Lichter: Frontlicht (Stand-, Fern- und Abblendlicht), Blinker vorne und hinten, Nebelscheinwerfer und Nebellicht, Bremslicht beidseitig, eventuelle Winker, Nummernschildbeleuchtung, Warnblinkanlage, Rücklicht und das

Ein Blick auf den Kühler lohnt sich: Stehen die Lamellen gerade oder zeigen sich Unregelmäßigkeiten?

eventuelle Parklicht. Schauen Sie genau, ob an den Lampengläsern Risse oder Sprünge vorhanden sind.

Kontrollieren sie alle Plastik- und Gummiteile. Besonders wichtig ist ein Blick auf die Gummiteile am Fahrwerk. Deren Austausch ist kostspielig, da dies mit großem Aufwand verbunden ist. Prüfen Sie am Kühler, ob alle Lamellen noch richtig ausgerichtet sind. Schauen Sie am Boden, ob der Kühler dicht ist (können Sie eine Wasserpfütze sehen, ist der Kühler undicht). Ein Blick auf den Kühlergrill kann auch nicht schaden. Sind Risse vorhanden oder Rost von innen zu erkennen?

Reifen und Cabriodach
Prüfen Sie die Reifen hinsichtlich ihres Alters und Profils. Wenn auf den Reifen gar keine Baujahrbezeichnung steht, sind sie bereits viel zu alt. Haben die Reifen Risse, müssen sie unbedingt ausgetauscht werden. Mängel, die durch lange Standzeiten und unsachgemäße Lagerung entstehen, sind durch Auffüllen mit Luft nicht zu beseitigen. Bei älteren Oldtimern muss man auch die Blattfe-

Die Ziffern der Reifen verraten, ob der Reifen jung genug ist oder ein Neukauf nötig ist.

dern, Achsen und Antriebsketten genau betrachten. Die Blattfedern sollten gut geschmiert und umwickelt sein.

Öffnen und schließen Sie bei Cabriolets das Dach. Achten Sie auf die Heckscheibe: Legt sich diese richtig beim Zurückfalten? Spannt sich das Dach im geschlossenen Zustand richtig? Sind alle Streben in Ordnung?

Der harte Kern: der Rahmen

Auch bereits durchgeführte Reparaturen am Oldtimer können zu Problemen bei der technischen Abnahme führen. Überprüfen Sie die Schweller und Rahmensäulen. Erkennt man Schweißnähte, dürfen diese nicht mit einer durchgezogenen Schweißnaht geschweißt sein. Man erkennt solche Stellen meist leicht unter dem frischen Lack. An solchen Stellen dürfen Reparaturen nur mit dem sogenannten Punktschweißverfahren durchgeführt werden.

Prüfen Sie, ob die Blattfedern Rost angesetzt haben.

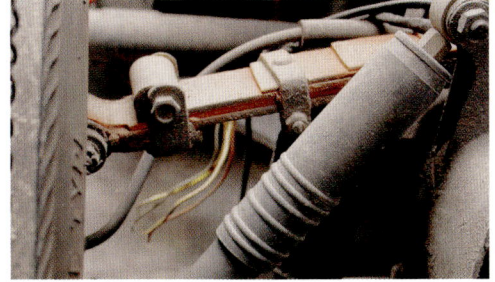

Die Totalrestauration: von Grund auf wird saniert.

Verdeckten Mängeln kommt man ohne ein entsprechendes Hilfsmittel nur schwer auf die Spur. Der häufig gezeigte Stich mit dem Schraubenzieher in die Blechteile ist zwar eine Möglichkeit, allerdings haftungstechnisch nicht zu empfehlen, denn der Verkäufer kann Sie für einen entstandenen Schaden, auch wenn es eine verdeckte Roststelle war, haftbar machen.

Daher ist es besser, wenn Sie die Möglichkeit haben, zur Besichtigung ein Endoskop mitzunehmen. Wenn Sie den Oldtimer in eine Fachwerkstatt zur Begutachtung bringen, ist dort sicherlich ein Endoskop vorhanden.

Mit diesem kann man zum Beispiel einen Blick in Brennräume werfen, ohne den Zylinderkopf zu demontieren. Die Einsatzmöglichkeit eines Endoskops in versteckten oder schwer zugänglichen Hohlräumen ist nur durch die Länge und Beweglichkeit des Endoskopschlauches begrenzt. Dieser Flexschlauch ist bei einem Video-Endoskop einen Meter lang und bietet daher ein sehr breites Einsatzfeld. Versteckte Winkel lassen sich noch mit zusätzlichen optischen Winkelvorsätzen mit 35, 45 und 60 Grad erreichen. Zwar wird man mit dem ein Meter langen Flexschlauch einen Schweller nicht ganz erschließen können, doch man bekommt einen Eindruck vom Zustand.

Lack-Lexikon

Gerade wenn Oldtimer eine Verkaufslackierung erhalten haben, treten Lackprobleme auf, die in der Folge teuer werden können:

Ausgebleichter Lack
Besonders bei roten Lacken ist dies oft zu sehen. Der Lack ist blass und zum Teil unterschiedlich. Dieses Ausbleichen kommt von der Sonne und kann eventuell durch pflegendes Aufpolieren wieder aufgebessert werden. Bringt dies nichts, muss überlackiert werden.

Blasenbildung
Dieser Lackschaden resultiert aus Rostbildung unter der Lack- oder Füllspachtelschicht. Der Rost dehnt sich aus und löst den Lack bzw. Spachtel ab. Meist ist die Fläche der Korrosion unter dem Lack bereits größer als die eigentlich sichtbare Blase. Einzige Möglichkeit, diesem Problem Herr zu werden, ist das großflächige Abschleifen der Lackschicht und das Entfernen des Spachtels. Erst dann wird das Ausmaß ersichtlich.

Elefantenhaut und Haarrisse
Diese beiden Schäden des Lacks haben ähnliche Ursachen und treten dann auf, wenn das Metall nicht gründlich gesäubert oder der Lack auf den noch nicht getrockneten Haftgrund oder Füller aufgetragen wurde. Auch Verschmutzungen auf der Haftgrund- oder Füller-Schicht können die Ursache sein. In diesem Fall hilft nur die Entfernung des gesamten Lacks und aller Basis-Schichten bis aufs blanke Blech und eine Neulackierung.

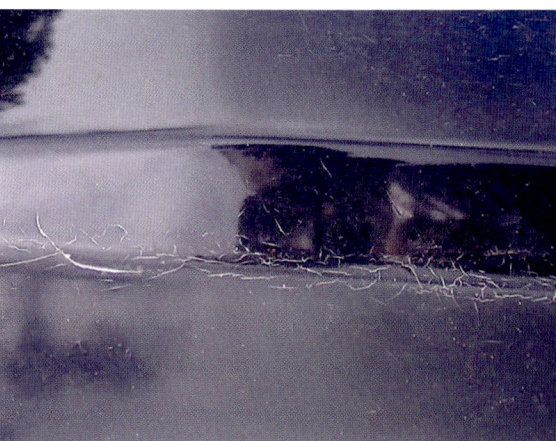

Orangenhaut
Lack mit einer Orangenhaut-Oberfläche ist das Resultat von zu dickem Lackauftrag. Der eigentlich feine Farbnebel ist zu konzentriert auf dem Blech getrocknet. Diese

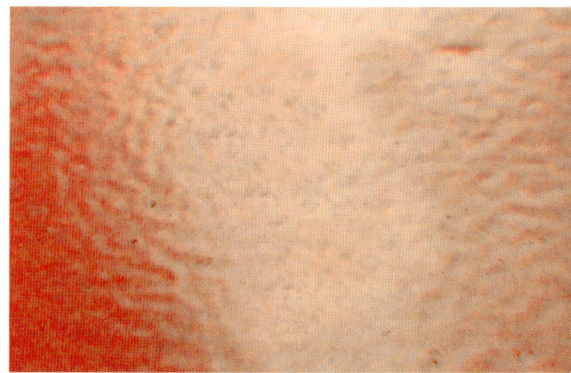

Unebenheiten im Lack lassen sich mit Nass-Schleifpapier abschleifen, anschließend muss der Lack wieder aufpoliert werden. Das Resultat wird in der Regel sehr gut. Allerdings ist das Verfahren sehr aufwändig und nimmt viel Zeit in Anspruch. Lässt man es beim Fachmann durchführen, schlägt dies entsprechend kräftig zu Buche.

Leichte Bläschen oder Lack-Pickel
Auch diese kleinen Schäden haben es in sich. Sie kommen durch unsauberes Arbeiten und werden durch Wasser oder Öl im Sprühnebel verursacht. Diese Verunreinigungen kommen durch die Druckluft aus dem Kompressor. Denn nicht jeder Kompressor eignet sich zum Lackieren. Man benötigt gefilterte Druckluft, die keinerlei Öl- oder Wasserrückstände enthält. Solche Bläschen bedeuten nichts Gutes, denn auch hier muss der gesamte Lack abgeschliffen und neu lackiert werden.

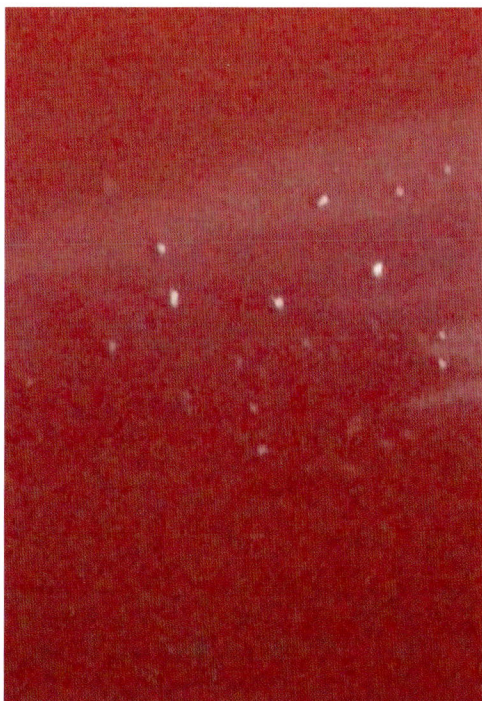

Silikon-Krater
Entdeckt man im Lack leichte Krater, stammen diese von Fett- oder Silikon-Rückständen auf der Oberfläche vor dem Lackieren. Das können auch Fingerabdrücke sein. Bevor lackiert wird, muss die Fläche mit einem sogenanntem Silikon-Entferner gereinigt werden. Auch hier hilft nur eine Neulackierung.

Lackablösung
Löst sich der Lack an manchen Stellen wieder ab, ist keine Verbindung mit dem Haftgrund oder dem vorhergehenden Lack entstanden. Auch hier liegt die Ursache vermutlich im unsauberen Arbeiten – die Fläche war noch verschmutzt oder staubig. Eine andere Ursache könnte eine noch feuchte Spachtelmasse gewesen sein.

Das Fahrzeug richtig beurteilen und fahren

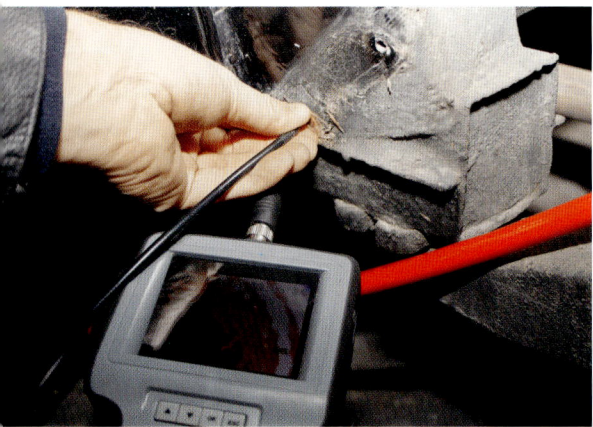

Intensive Prüfung: Das Endoskop sieht in die Tiefe.

Auch im Motor zeigt das Endoskop Abnutzungen.

EXPERTEN-TIPP **Video-Endoskop**

Im Bereich Motor-Restauration, Zylinder- und Getriebe-Analyse ist das Video-Endoskop ideal. Bilder und Videos werden auf einen Chip gespeichert und können auf dem Rechner betrachtet werden: eine gute Grundlage für ein Gespräch mit Ihrem Fachbetrieb und eine prima Dokumentation fürs Gutachten.

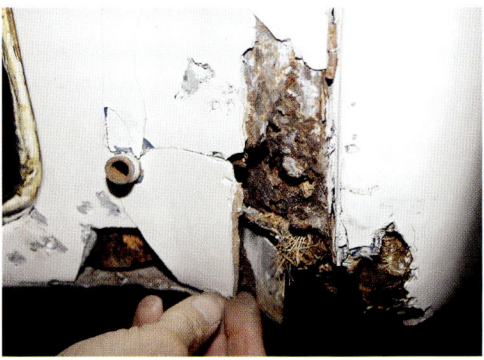

Großflächige Spachtelkünste können nach einiger Zeit ausbrechen.

Die fachmännische Prüfung

Wenden Sie etwas mehr Zeit auf und prüfen Sie Ihren Traum-Oldtimer auf Herz und Nieren. Der Aufwand lohnt sich und Sie können die Arbeiten, die auf Sie zukommen, besser einschätzen.

Die Karosserie

Auf der Hebebühne werden die Querholme unterhalb des Bodenblechs, die Längsrahmen, die Querträger vorne und hinten, die Schweller und die unteren Radläufe untersucht. Achten Sie auf übermäßigen Auftrag von Unterbodenschutz – es ist meist ein Hinweis auf Korrosion.

Stoßkanten von Karosserie-Teilen sind sehr anfällig für Rost. Das sind die Stellen, an denen zwei Karosserie-Teile aneinandergeschraubt oder anderweitig miteinander verbunden sind. Zwischen diesen Verbindungen sammelt sich Feuchtigkeit und bildet gerne Rost. Bei Fahrzeugen, bei denen bereits der Hersteller die Rostvorsorge nicht sehr

Verkaufslackierungen bringen böse Überraschungen.

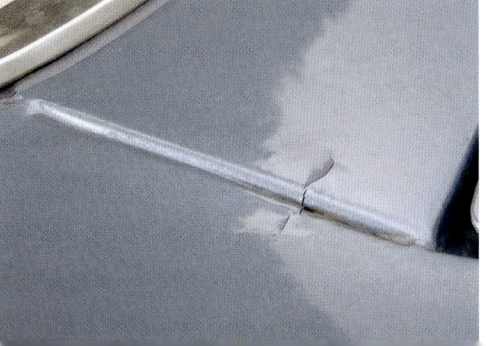

Die fachmännische Prüfung

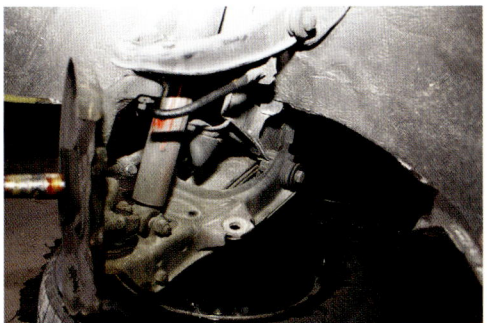

Überprüfen Sie Lager und Gummis am Fahrwerk.

Unter dem Chromring frisst schon der Rost.

genau genommen hat, sind diese Stellen besonders zu beachten.

Aufhängungen von Achsteilen oder Stoßdämpfern an der Karosserie, zum Beispiel die Stoßdämpfer-Verankerung oder die Federbeinaufnahme, die Torsionsfederungs-Verankerung oder die Befestigungspunkte der Querstabilisatoren, sind häufig ein Nest für Schmutz und Feuchtigkeit und rosten daher bei ungenügendem Korrosions-Schutz durch.

Radläufe sind immer Schmutz und Feuchtigkeit ausgesetzt. Hier lagert sich über Jahre Rostgammel ab, besonders wenn das Fahrzeug nicht gut gepflegt wurde. Nur regelmäßiges Ausspritzen der Radläufe beseitigt Schlamm und Schmutz und verhindert damit die schnelle Entstehung von Korrosion. Auch innen an den Kotflügel-Kanten

Häufig vom Rost befallene Stellen: Radläufe

über dem Reifen befinden sich Hinterschneidungen, in denen sich Rost ansetzen kann.
Durch hochgeschleuderte kleine Steinchen wird der aufgetragene Steinschlagschutz beschädigt, so dass Rostherde entstehen können. Solche Stellen sind nicht auf Anhieb zu sehen, denn der Unterbodenschutz verdeckt sie. Greifen Sie deshalb mit ihrer Hand die Radläufe ab. Sie erspüren solche Stellen daran, dass der Unterbodenschutz dort locker sitzt.

Achten Sie auch auf die Stellen, an denen der Radlauf mit dem Schweller verbunden ist. Ist an dieser Stelle Rost zu sehen, rostet der Schweller aller Wahrscheinlichkeit nach auch von innen.

Lampentöpfe und **Blinkeraufnahmen** sind an ihrer Innenseite anfällig. Dort sammelt sich gerne Feuchtigkeit und verursacht Rost, der von innen nach außen durchkommt, von außen zunächst aber noch nicht zu erkennen ist. Leichtes Klopfen mit dem Finger kann dieses Problem offenbaren, da sich, noch bevor man es oberflächlich sieht, der Lack abzulösen beginnt. Das Klopfen hört sich folglich dumpf an, weil sich ein Hohlraum gebildet hat.

Türkanten und **Türrahmen** sind eine echte Problemzone. Häufig sind sie verrostet und durchgerostet, eine Folge von verstopften oder defekten Ablaufkanälen in der Tür. Wenn es regnet, läuft das Wasser normalerweise über werkseitig installierte Kanäle oder Schläuche ab. Sind diese ver-

Problemzone Türkante: Lieblingsplatz für Rostbefall

Unebener Schweller: Verdacht auf versteckte Schäden

stopft oder gebrochen, sammelt sich das Wasser in den Türen an der unteren Kante des Rahmens, der Rost frisst den Rahmen langsam von innen durch. Damit werden auch die Türblätter in Mitleidenschaft gezogen. Erkennen kann man diese Mängel an der Blasenbildung an den unteren Türblättern. Innen sind die Türen zudem meistens schon am Rahmen deutlich durchgerostet.

Bodenbleche rosten unter der Teppichware verdeckt vor sich hin. Heben Sie die Teppiche an. Solche Bodenbleche müssen ersetzt werden. Schauen Sie vor allem auf der Fahrerseite unter den Pedalen nach, ob sich dort Rost angesammelt hat oder die Bleche schon durchgerostet sind. Da dies der meist genutzte Platz im Wagen ist, wird er auch am schnellsten in Mitleidenschaft gezogen.

Vergessen Sie nicht die Bodenblech-Kontrolle unter Teppichen und Gummimatten.

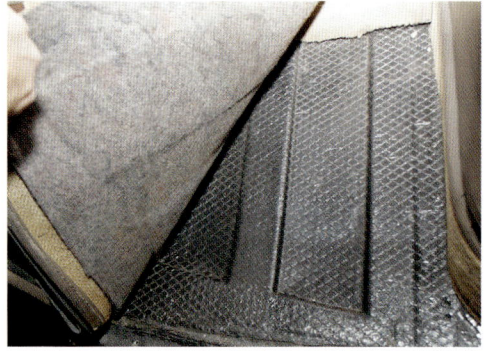

Schweller sind die kritischste Stelle am tragenden Rahmen und damit die am häufigsten und schwersten befallene Stelle am Oldtimer. Sind die Schweller durchgerostet, ist der gesamte Rahmen instabil und das Fahrzeug fahruntauglich. Durch die technische Abnahme kommt ein Fahrzeug mit durchgerosteten Schwellern sicher nicht. Die Korrosion an solchen Schwellern entsteht ebenfalls von innen. Durch offene Löcher dringt Wasser in deren Hohlraum ein und setzt sich dort ab. Die Feuchtigkeit greift das Blech von innen an. Einzig mögliche Vorbeugung ist eine gute Hohlraumversiegelung.

Selbst wenn äußerlich keinerlei Schäden zu erkennen sind, raten wir dazu, einen Einblick in die Schweller zu nehmen. Am besten geht dies mit einem Endoskop, das man durch die Ablauflöcher in den Schweller einführt. Sind die Schweller restauriert, müssen sie auch gut versiegelt sein. Achten Sie darauf, ob sie eine ausreichende Hohlraumversiegelung erkennen können.

Schweller dürfen seitens der technischen Abnahme nur mittels des Punktschweißverfahrens verschweißt sein. Erkennen Sie eine durchgezogene Schweißnaht, lassen Sie besser die Finger von diesem Fahrzeug.

Säulen-Ansätze müssen gründlich auf Rost untersucht werden, denn auch hier startet die Durchrostung von innen. Besonders an der A- und C-Säule kann aufgrund von inneren Strukturbe-

Die fachmännische Prüfung

Rost-Suche: Kofferraum-Check unter der Auskleidung

Ein Blick auf den Motor sagt viel über die Pflege.

festigungen durch mangelnden Rostschutz Korrosion entstehen. Sind diese Säulen defekt, gilt auch hier: keine technische Abnahme!

Der **Kofferraum** muss genau untersucht werden. Prüfen Sie die Bleche unter der Matte. Leuchten Sie mit der Taschenlampe alle Kanten und Ecken ab. Die kritischen Stellen befinden sich meistens an den Verbindungskanten und Radläufen. Ist im Kofferraum eine Ersatzrad-Mulde eingebaut, sollten Sie unbedingt das Reserve-Rad herausnehmen und in die Mulde schauen. Denn oft ist diese bereits so durchgerostet, dass man die Straße sehen kann.

Abschlussbleche vorne und hinten haben besonders bei Oldtimern älteren Baujahrs an der Unterkante eine leichte Unterschneidung, an der sich

Säurerückstände im Batteriekasten führen zu Durchrostung des Metalls.

Wasser und Dreck sammelt – äußerlich nicht sichtbar – aber eine Stelle, an der die Feuchtigkeit in Ruhe wirken kann. Daher findet man vor allem dort auch starke Durchrostungen.

Der **Batteriekasten** ist durch auslaufende Batteriesäure stark korrosionsgefährdet. Durch diese Rostansätze sind zudem meistens die Bleche rund um die Batterieaufnahme ebenfalls betroffen.

Türrahmen werden auf Abschabungen oder abgeschlagenen Lack untersucht. Diese Schäden am Lack entlang der Türkante können ein Hinweis auf hängende Türen sein und diese wiederum ein Hinweis auf defekte Scharnieraufhängungen. Das Blech rund um die Scharniere ist gerostet und hat damit nicht mehr die notwendige Stabilität.

Der Motor

Wie unter „Standschäden verstehen" schon ausgeführt, ist es kein Grund zur Freude, wenn der Motor nach langer Zeit auf Anhieb anspringt. Vielmehr kann die Inbetriebnahme eines Oldtimer-Motors nach langer Standzeit zum endgültigen Motorschaden führen, auch wenn der Wagen zunächst läuft.

Indizien findet man schon vor dem Öffnen der Motorhaube. Achten Sie am Garagenboden da-

Prüfen Sie eingehend den Motorzustand, zum Beispiel mit dem „Motor Checkup".

Brüchige Kabel können die Funktion bald beeinträchtigen und sollten deshalb ausgetauscht werden.

rauf, ob Ölflecken zu sehen sind. Falls ja, suchen Sie die Quelle – bei Vorkriegsfahrzeugen kann eine leichte Undichtigkeit normal sein. Seien Sie skeptisch, wenn der Verkäufer das Fahrzeug auf Kies gestellt hat, dort sieht man Öltropfen nur schlecht. Wasserflecken am Boden können ein Hinweis auf einen undichten Kühler sein – manche Oldtimer-Klimaanlagen erzeugen allerdings ebenfalls eine Pfütze am Boden.

Lassen Sie vom **Motoröl** ein bisschen ab und kontrollieren Sie, ob das Öl sauber ist. Ist dies nicht möglich, prüfen Sie das Motoröl anhand des Ölstabes. Hilfreich ist hier der Einsatz von Löschblatt-Prüfblättern (diese gibt es von „Motor-Checkup"), mit denen man das Öl auf seine Bestand-

Prüfen Sie die Spannung des Keilriemens.

teile untersuchen und eventuelle Schäden am Motor erkennen kann. Die Anwendung ist einfach: Ein Tropfen des Öls wird mit dem Ölstab auf das Test-Blatt geträufelt. Nach einigen Stunden kann die Diagnose anhand einer Skala abgelesen werden. Benzin im Öl kann auf defekte Kolbenringe, Wasser im Öl auf eine defekte Zylinderkopfdichtung hinweisen. Auch ein übermäßiger Russ-Anteil weist auf einen Motorschaden hin.

Das **Getriebeöl** wird ebenfalls überprüft. Wenn Sie die Ölschraube aufdrehen und herausnehmen, müsste leicht zähes Öl auslaufen, was ein Hinweis darauf ist, dass der Ölstand stimmt. Fragen Sie den Vorbesitzer, wann der letzte Ölwechsel des Getriebes vorgenommen und welches Öl verwendet wurde. Prüfen Sie, ob dieses Öl das richtige für diesen Oldtimer war, denn gerade bei Oldtimern ist das Einhalten der spezifischen Öle fürs Getriebe sehr wichtig, da sonst Getriebeschäden die Folge sein können. Auch der Motorblock unten wird nach austretendem Öl geprüft.

Die **Keilriemenspannung** ist wichtig für die gute Funktion von Wasserpumpe und Lichtmaschine. Der Keilriemen sollte keine Altersspuren aufweisen. Risse im Gummi des Keilriemens sind ein Hinweis auf Überalterung. Schlecht greifende Keilriemen bringen nicht mehr genügend Leis-

Die fachmännische Prüfung

Wackeln am Ventilatorflügel gibt Hinweise auf den Zustand der Wasserpumpe.

tung, was zur Folge hat, dass Wasserpumpe und Lichtmaschine nicht mehr richtig laufen. Bei der Wasserpumpe führt dies schnell zur Überhitzung des Motors. Eine Folge kann ein sogenannter Kolbenfresser sein. Auch die Lichtmaschine wird bei nicht ordentlich laufenden Keilriemen in Mitleidenschaft gezogen.

Die **Lager**, auf denen der Motor aufliegt, sollte man ebenfalls genau ins Visier nehmen. Sind diese defekt, wird es kostspielig.

Der **Benzinfilter** gibt Hinweise auf das Kraftstoffsystem. Ist er verschmutzt, können Sie davon ausgehen, dass der Motor unregelmäßig läuft, da auch im Rest des Kraftstoffsystems Schmutzteile sein könnten. Schmutz im Benzinfilter ist außerdem ein Hinweis auf Schmutz im Tank. Die Ursache könnte Korrosion des Tanks sein.

Die **Verkabelung** muss nach Bruchstellen oder Abscheuerungen untersucht werden. Ein brüchiges oder abgescheuertes Kabel kann im schlimmsten Falle einen Fahrzeug-Brand verursachen. Brüchige Zündkabel führen zu Überschlägen zwischen den Kabeln und damit zu Störungen im Zündsystem. Knicken Sie die Zündkabel stark ab – so erkennen Sie deutlich, ob sie überaltert sind.

Bei der **Wasserpumpe** wackeln Sie vorsichtig an den Lüfterflügeln. Spürt man ein leichtes Spiel in der Diagonalbewegung, ist die Wasserpumpe defekt, sprich: Die Lager sind defekt und die Wasserpumpe ist nicht mehr dicht. Durch die Lager kann Wasser auslaufen. Zu wenig Wasser im Kühlsystem führt aber zur Überhitzung des Motors im Betriebszustand.

Das **Kühlsystem** beginnen Sie mit der Überprüfung des Überdruck-Thermostats. Sitzt er fest und ist der Kühldeckel dicht? Sind alle Hähne im Kühlsystem leichtgängig?

Der **Kühler** kann auch mit einem Kühler-Dichtemesser geprüft werden (siehe dazu auch das Kapitel „Technik-Tipps für die eigene Werkstatt", Seite 101). Ein defekter Kühler kann zur Überhitzung des Motors führen. Das Öl wird zu flüssig und verliert seine Schmierkraft – und dies wiederum kann einen Motorschaden auslösen.

Das Fahrzeug richtig beurteilen und fahren

Die Krümmer-Temperatur muss an allen Auslässen gleich sein.

Untersuchen Sie auf jeden Fall auch die Bremsflüssigkeit auf ihre Farbe und Konsistenz.

Bei **Aluminium-Motorblöcken** ist es besonders wichtig, ob im Kühler Frostschutz verwendet wurde. Lassen Sie sich dies belegen.

Der **Zylinder-Kompressionsdruck** kann mit einem Kompressionsdruck-Messgerät ermittelt werden. Optimal sollte er zwischen zehn und zwölf Bar liegen (siehe auch das Kapitel „Technik-Tipps für die eigene Werkstatt", Seite 101).

Die **Temperaturanalyse** des Motors kann ebenfalls Fehlfunktionen aufzeigen. Die einfachste Methode ist die Temperaturmessung mit einem elektronischen Infrarot-Thermometer.

Eine weitere Analyseform ist das Messen der Motortemperatur während des Laufs mit einer Wärmebildkamera, die man mieten kann. Nehmen Sie den laufenden Motor mit dieser Kamera am Auspuffkrümmer ins Visier: Bei einem gesunden Motor zeigt das Bild alle Zylinder in der gleichen Farbe, weil sie die gleiche Temperatur haben. Ist dies nicht der Fall und die ein oder andere Stelle am Krümmer kühler oder heißer, ist am dahinter liegenden Zylinder eine Fehlfunktion zu vermuten.

Zur **Überprüfung des Kühlsystems** kann eine solche Wärmebildkamera auch eingesetzt werden. Nachdem der Motor einige Zeit gelaufen ist, wird er ausgestellt. Nach dem Stillstand des Ventilators wird ein Bild vom ganzen Kühler gemacht, der idealerweise in einer Farbe erscheinen sollte, da er im guten Zustand eine gleichmäßige Temperatur hat.

Das Bremssystem

Den **Pegelstand** der Bremsflüssigkeitsstand im Behälter prüfen Sie zuerst. Befindet sich der Stand auf der vorgegebenen Höhe? Ist die Flüssigkeit klar und leicht gelblich? Wenn sie schmutzig braun erscheint, ist etwas am Bremssystem defekt oder undicht.

Unbedingt austauschen: Bremsbeläge mit Rissen

Die fachmännische Prüfung

Achten Sie unter den Bremsmanschetten auf Bremsflüssigkeit!

Um **Bremsen** auf ihren freien Lauf hin zu prüfen, drehen Sie am Rad. Ohne aktivierte Bremse müssen diese leicht laufen.

Bremsbacken auf Profil überprüfen.

Bremsscheiben auf Riefen oder Schäden kontrollieren.

Radbremszylinder und **Hauptbremszylinder** werden hinter den Dichtmanschetten auf austretende Bremsflüssigkeit untersucht. Finden Sie dort Bremsflüssigkeit, sind die Bremsen defekt.

Die Reifen

Sind **Größe** und **Breite** der aufgezogenen Bereifung wie im Kfz-Schein eingetragen? Ist noch genügend **Profil** vorhanden? Alle vier Reifen müssen **baugleich** sein – Radialreifen sollten nie mit Diagonalreifen gemischt werden.

Prüfen Sie die Felgen! Beschädigte Alufelgen können brechen. Stahlfelgen können bei stärkeren sichtbaren Randschäden verzogen sein und nicht mehr rund laufen. Bei Speichenrädern sollte auf fehlende oder gebrochene Speichen geachtet werden. Den Rundlauf sollten Sie in einer Fachwerkstatt prüfen lassen.

Baujahre sind bei Reifen seitlich zu lesen. In der Regel haben Reifen eine Lebensdauer von fünf Jahren. Danach beginnen sie hart zu werden, der Gummi löst sich auf. Der Reifen bildet Risse und kann bei höheren Geschwindigkeiten platzen. Haben die Reifen auf dem Oldtimer gar keine Bezeichnung, stammen sie noch aus Zeiten, in denen die Kennzeichnung nicht Pflicht war, und taugen nur noch zum Entsorgen.

Standschäden gibt es auch bei Reifen. Bereits nach einigen Monaten kommt es zur Deformation des Materials, ein Mangel, der nicht durch Nachfüllen von Luft rückgängig gemacht werden kann. Die Folge ist ein unruhiger Lauf. In extremen Fällen haben sich an der Stelle, an der der Reifen Bodenkontakt hatte, Risse gebildet. Dies geschieht vor allem, wenn im Reifen zu wenig Luft war. Diese Reifen müssen erneuert werden.

Das Fahrwerk

Radlager prüfen Sie durch Rütteln am Rad. Dabei wird der Reifen oben und seitlich gegriffen und stark gerüttelt. Weist das Rad ein spürbares

Defekte Radlager erkennen Sie durch Rütteln am Rad.

Tauschen Sie poröse Fahrwerkgummis unbedingt aus!

Spiel auf und lässt es sich schlagartig hin- und herbewegen, liegt ein Defekt des Radlagers vor.

Lagergummis und **Manschetten** dürfen nicht hart und spröde sein, sonst müssen sie ausgetauscht werden. Defekte Manschetten sind ebenfalls ein Grund zur Beanstandung, denn durch die offenen Stellen der Manschette dringt Schmutz in die Lager und Gelenke ein. Die Folge ist eine eingeschränkte Funktion der Bauteile.

Spurstangengelenke überprüfen Sie auf gute Fettung und Schmutz, indem Sie die Gummis darüber anheben. Kontrollieren Sie, ob die Spurstangen Spiel haben, denn dies wäre technisch nicht einwandfrei.

Die **Federaufnahmen** werden auf Durchrostungen oder Korrosion untersucht, denn eine durchgerostete Aufnahme kann extrem gefährlich sein, wenn sie während der Fahrt durchbricht.

Schmiernippel dürfen nicht verharzt oder stark verschmutzt sein. Falls doch, ist es ein Hinweis auf schlechte Wartung. An Fahrwerksteilen kann dies sehr bedenklich sein.

Der Auspuff

Schleifspuren sind bei diesem niedrigsten Teil eines Automobils keine Besonderheit, bedeuten aber auch, dass an diesen Stellen innen Schäden entstanden sein können. Bei Fahrzeugen mit Katalysator kann man dies eventuell sogar hören, da in diesem Falle ein leichtes Rasseln auftritt. Ist der Auspuff-Topf irgendwo hängen geblieben, können an den Verbindungsstellen Undichtigkeiten durch ausgerissene Dichtungen oder überdehnte Verbindungen auftreten. Dies kann den Austausch des gesamten Auspuffsystems erfordern.

Das **Auspuffrohr** kann Indizien über den Zustand des Motors liefern. Sind die Rückstände im Rohr leicht gräulich gefärbt, ist alles soweit in Ordnung. Sind die Rückstände dunkel und staubig trocken, kann man von einer zu hohen Kraftstoffsättigung ausgehen. Sind die dunklen Rückstände außerdem ölig und bleiben am Finger kleben, dringt Öl in die Brennräume ein – ein Hinweis auf eine erforderliche Totalüberholung des Motors.

Die Stoßdämpfer

Der Test: Drücken Sie das Fahrzeug an der Seite, an der Sie den Stoßdämpfer überprüfen möchten, mit ihrem gesamten Körpergewicht von oben auf die Seite. Lassen Sie das Fahrzeug schlagartig los. Der Wagen sollte nur 1,5-mal nachfedern.

Bei **Hydraulikfederung** müssen Sie die Hydraulikkolben anschauen. Diese sind in der Regel an der Stelle, an der auch normale Stoßdämpfer sitzen. Heben Sie die Dichtmanschetten der Hydraulik-Kolben an. Diese müssen darunter trocken sein. Sind sie darunter feucht und ölig, ist dies ein Hinweis, dass die Kolben undicht sind und Hydrauliköl austritt.

Bei **Luftfederungen** ist der Balg zu prüfen. Ist dieser hart und spröde, kann dies bedeuten, dass

Die fachmännische Prüfung

Ein original belassenes, gepflegtes Interieur erhöht den Wert des Oldtimers, wie hier bei einem Mercedes-Benz.

er entweder bereits undicht ist oder sehr bald undicht wird. Entlüften Sie den Druckluftzylinder und prüfen Sie, ob mit der Luft Wasser und Rost austritt.

Das Interieur

Originalität ist ein wichtiger Aspekt. Nehmen Sie Bilder zur Hand, die vergleichbare Oldtimer in Original-Ausstattung zeigen. Lassen Sie sich durch ein perfektes und ordentliches Interieur nicht täuschen. Der häufigste Trick, ein Fahrzeug in gutem Licht erscheinen zu lassen, ist eine Innenraum-Aufbereitung.

Prüfen Sie die Funktion der **Fensterheber** und **Türgriffe**.

Testen Sie die **Schließ-Mechanik** der Türen. Besonders gefährlich sind nicht zuverlässig schließende Türen bei älteren Fahrzeugen mit so genannten Selbstmördertüren, die an der Mittelsäule die Scharniere haben und gänzlich aufklappen können.

Der **Fahrzeughimmel** sollte fleckenfrei sein. Stock- oder Wasserflecken sind ein Hinweis auf Undichtigkeit – zum Beispiel des Schiebedachs, des Verdecks oder gar der Karosserie.

Schließen alle Türen korrekt? Sind sie leicht gängig?

Das Fahrzeug richtig beurteilen und fahren

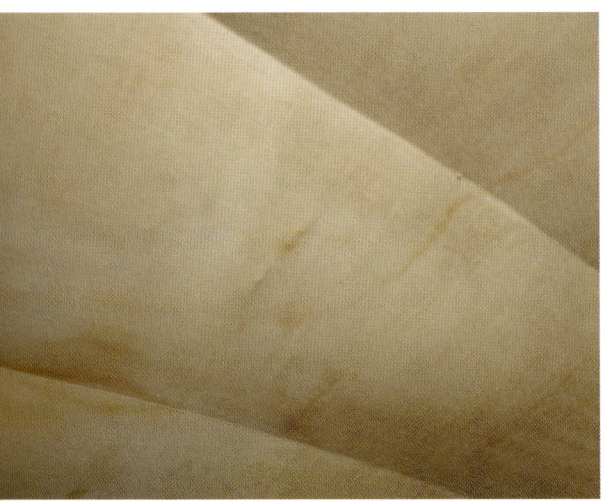

Ein schlechtes Vorzeichen: Wasser-Flecken im Fahrzeughimmel

Teppiche werden nach Feuchtigkeit abgetastet. Feuchtigkeit kann von unten oder durch undichte Tür- und Fensterdichtungen in den Wagen gedrungen sein.

Sitze werden ebenfalls auf Wasser- oder Stockflecken sowie auf Risse überprüft. Sind die Sitze dem Alter entsprechend in Ordnung, die Bezüge original? Schieben Sie die Sitze vor und zurück, falls möglich. Prüfen Sie die Verankerung im Boden. Testen Sie die Funktion der beweglichen verstellbaren Teile wie Rückenlehnen und Armlehnen.

Das **Armaturenbrett**: Ist es frei von Rissen? Wie sieht das eventuell verwendete Holz aus?

Das **Lenkrad** darf keine Risse aufweisen. Überprüfen Sie das Lenkradspiel, denn das sollte nicht zu groß sein. Das Lenkrad sollte direkt ansprechen und mittig in neutraler Stellung stehen.

Die **Elektronik** und die mechanischen **Schalter** prüfen Sie nacheinander. Sind alle Hebel vorhanden? Sind sie original? Funktionieren die Bordinstrumente? Die Warnlichter?

Das **Handschuhfach** und die **Frontablage** bergen meist kleine Hinweise auf kleine Problemchen, die der Wagen hat. Achten Sie auf Werkzeuge, Austausch- oder auch Kleinteile, verschmierte Lappen und Werkzeuge, die sich dort befinden.

Die **Lüftung** und die **Heizung** werden während der ausgiebigen Probefahrt geprüft.

Sind **Sicherheitsgurte** vorhanden, testen Sie den Schließmechanismus und die Gurte selbst. Suchen Sie nach Rostspuren an den Befestigungspunkten.

Ist ein **Ersatzschlüssel** für das Fahrzeug vorhanden, eventuell auch für das Handschuhfach oder den Tankdeckel?

Die Probefahrt

Die Probefahrt sollte mindestens 15 Minuten dauern. Seien Sie aufmerksam, wenn Sie der Verkäufer während der Fahrt ständig ins Gespräch verwickelt. Vielleicht sollen Sie über hörbare Geräusche hinweggetäuscht werden?

Das Wichtigste für die erste Fahrt

- **Anspringen** sollte der Wagen umgehend, sowohl in kaltem Zustand mit aktivem Choke als auch bei warmem Wetter.
- Ein **Zahnradgeräusch** beim Anlassen deutet auf einen Anlasser hin, der nicht richtig greift, oder darauf, dass die Zahnreihe an der Schwungscheibe abgerieben ist. In diesem Falle sollten Sie sich die Schwungscheibe über der Getriebeglocke anschauen – defekte Zähne bedeuten einen kompletten Motor-Ausbau!
- Die **Warn- und Hinweislichter** auf der Instrumententafel müssen nach dem Starten alle wieder ausgehen.
- Der **Öldruck** muss umgehend ansteigen und konstant bleiben, wenn man mit dem Gas spielt.

Die Probefahrt

Wagen Sie sich bei der Probefahrt auf die Schotterstraße und achten Sie auf Geräusche wie Klappern oder Klingeln.

- **Motorgeräusche** hören Sie sehr gut beim stehenden Fahrzeug. Steigen Sie nach dem ersten Anlassen aus, öffnen Sie die Motorhaube und lauschen Sie, ob der Motor ungewöhnliches Klingeln, Quietschen oder metallisches Schlagen von sich gibt. Sehr gut ist es, ein Stethoskop dabei zu haben und den Motor regelrecht „abzuhören".
- Die **Auspuffgase** sollten Sie sich ansehen: Sind sie weiß oder bläulich? Bläuliche Abgase sind ein Hinweis auf Öl im Brennraum, meist ein Zeichen für undichte Ventile und verschlissene Ventilschaftdichtungen oder aber auch defekte bzw. verschlissene Kolbenringe. Weiße Abgase deuten auf Wasser im Brennraum hin. Eventuell liegt hier eine undichte Zylinderkopfdichtung vor.
- **Während der Fahrt** achten Sie auf das Verhalten des Motors in verschiedenen Gängen sowie bei höheren Drehzahlen. Fahren Sie ruhig auch auf eine Schotterstraße. Ist am Fahrwerk ein Klappern, Klingeln oder hartes metallisches Schlagen zu hören? Fahren Sie eine enge Kurve auf flacher Strecke. Sind Geräusche zu hören?
- Beim **Beschleunigen** achten Sie auf **Motorengeräusche** in verschiedenen Drehzahlbereichen – bei schneller und langsamer Fahrt sowie im Stand.
- Funktioniert die **Gangschaltung** einwandfrei? Sind die **Gänge** leicht einzulegen und springen sie nicht heraus, wenn man leicht an den Schaltknauf kommt? Ist die Automatik flüssig beim Umschalten? Vergessen Sie den Rückwärtsgang nicht! Wie klingt das Getriebe bei der Rückwärtsfahrt? Geht der Rückwärtsgang umgehend rein?
- Testen Sie die **Kupplung** im Blitzstart. Eine gute Kupplung muss sofort ansprechen. Verhält sie sich stotternd, dreht sie durch und stinkt anschließend?

Das Fahrzeug richtig beurteilen und fahren

Im Fahrsicherheits-Training für Oldtimer (im Bild ein MG B) lernen Sie Ihr Fahrzeug richtig kennen.

- Das **Lenkrad** reagiert normal und hält das Fahrzeug auf gerader Strecke auf der Spur? Oder müssen Sie gegenlenken? Hat das Lenkrad Spiel? Ein Schlagen im Lenkrad kann bedeuten, dass die Räder unrund laufen, die Radlager defekt sind oder die Spurstangen Spiel haben.
- Prüfen Sie die **Bordinstrumente** auf ihre Funktion.
- Machen Sie den **Bremsentest**: Wie verhält sich das Fahrzeug bei hartem Bremsen? (Es darf nicht ausbrechen.) Spricht die Bremse an? Und wie lang ist der Bremsweg? Bedenken Sie, dass bei älteren Oldtimern der Bremsweg grundsätzlich länger ist. Quietschen oder rattern die Bremsen?
- Das **Kühlwasser** hat Schaum an der Oberfläche nach kurzem Lauf, wenn Öl im Kühlwasser ist? Das ist ein Indiz für eine defekte Zylinderkopfdichtung.

Fahrsicherheit

Ein Oldtimer fordert von seinem Fahrer in vieler Hinsicht mehr als ein modernes Fahrzeug. Voraussetzung ist ein deutlich höheres Fahrkönnen, denn ein modernes Fahrzeug ist mit Lenk-, Brems- und Fahrhilfen wie ABS, ESP und weiteren modernen Bauelementen ausgestattet. Auch körperlich müssen die Fahrer eines frühen Oldtimers ohne Servo-unterstützte Bremsen und Lenkung einiges leisten. Fehlende moderne Sicherheits-Aspekte wie eingebaute Rückhaltesysteme, Nackenstützen oder Airbag fordern – auch zur eigenen Sicherheit – ein besonders umsichtiges Verhalten im Straßenverkehr.

Grundlage einer perfekten Beherrschung des eigenen Oldtimers ist die Kenntnis des Fahrzeuges in verschiedenen Situationen. Ein Fahrsicher-

Fahrsicherheit

heitstraining speziell für Oldtimer zeigt Ihnen das Risiko und die eigenen Grenzen des Fahrvermögens sowie die Möglichkeiten Ihres Fahrzeuges. So vermeiden Sie Fehleinschätzungen, die zur häufigsten Unfallursache bei Oldtimern zählen.

Vor der Fahrt

Stellen Sie sich den Sitz richtig ein. Machen Sie sich mit der Sicht und den eventuell ungewohnten Positionen der Spiegel vertraut.

Die richtige Sitzposition ist maßgeblich für das sichere Lenken eines Oldtimers. Sitzhöhe und manchmal auch die Entfernung der Sitzbank vom Lenkrad sind nicht bei allen Oldtimern verstellbar. Alle Pedale müssen bequem und ohne Anstrengung erreichbar und bis zum Anschlag durchtretbar sein. Ihr Bein soll bei durchgetretenem Pedal immer noch einen leichten Winkel bilden. Im Falle einer Notbremsung müssen Sie Ihre gesamte Kraft auf das Bremspedal übertragen und die Aufprallenergie absorbieren können, während die Füße noch immer sicher auf den Pedalen bleiben.

Der richtige **Abstand zum Lenkrad**: Stellen Sie Ihre Rückenlehne in eine aufrechte Position und legen Sie die Hände locker auf die 3- und 9-Uhr-Position (der Arm soll dabei leicht abgewinkelt bleiben). Ist Ihre Lehne in gemütlicher „Liegestuhlposition", verlieren Sie wertvolle Reaktions-Sekunden, um im Notfall zu reagieren. Diese Zeit brauchen Sie bei einem Oldtimer.

Die Eingewöhnung

Die **Fahrzeugabmessung** Ihres Oldtimers unterscheidet sich wahrscheinlich von Ihrem Alltagswagen – das betrifft die Länge wie auch die Breite. Machen Sie sich damit vertraut. Bei vielen frühen Oldtimern fehlt der rechte Außenspiegel.

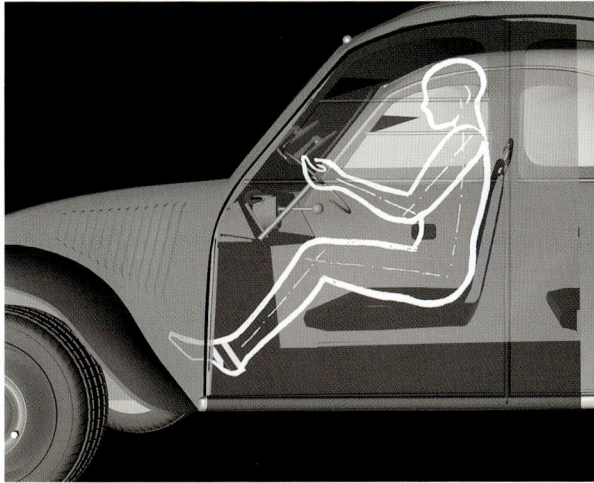

Die richtige Sitzposition ist wichtig für das Beherrschen des Fahrzeugs.

Dies erschwert die seitliche Abschätzung. Rangieren Sie mit dem Fahrzeug in alle Richtungen, um Erfahrungen zu sammeln. Stellen Sie sich zwei Punkte auf und üben Sie, um die Fahrzeug-Geometrie kennenzulernen.

Der **Wendekreis** Ihres Oldtimers ist meist groß und steht auf jeden Fall in keinem Vergleich zu einem modernen Fahrzeug. Testen Sie auch das aus. Ein falsch eingeschätzter Wendekreis kann Ihnen im Verkehr zum Verhängnis werden – ob bei sehr engen Kurven oder beim Wenden auf der Straße.

Schleudertest für Leistungssportler: Fahrtraining mit einem Porsche 911 bei nasser Witterung

Das Fahrzeug richtig beurteilen und fahren

Gefahrensituationen vermeiden

Beobachten Sie durchgehend den Verkehr um sich herum. Rechnen Sie fest damit, dass andere Verkehrsteilnehmer Ihren Oldtimer falsch einschätzen, was Beschleunigung, Bremsverhalten und Größe anbetrifft. Seien Sie sich bewusst, dass Ihre Fahrzeug-Beleuchtung in keinem Fall mit einem modernen Xenon-Licht konkurrieren kann und Sie nicht so deutlich wahrgenommen werden wie ein modernes Auto.

Prüfen Sie vor jeder Fahrt die wichtigsten Funktionen Ihres Fahrzeuges wie Bremsen und Beleuchtung.

Schätzen Sie sich selbst richtig ein. Sind Sie körperlich fit und konzentriert genug, um ein Fahrzeug zu steuern, das ihre besondere Aufmerksamkeit braucht?

Seien Sie gewappnet für anspruchsvolle Fahrsituationen wie Nebel, Dunkelheit oder starker Regen. Ihre eigene Sicht kann durch altes Glas, die eingeschränkte Scheibenwischer-Funktion oder die schlechte Beheizung Ihrer Scheiben eingeschränkt sein. Halten Sie ein Entfeuchtungskissen, einen Wischschwamm oder Ähnliches bereit.

Seien Sie sich bewusst, dass die **Faszination über ihren Oldtimer** ausreichen kann, andere Verkehrsteilnehmer zu völlig unsinnigem Verhalten zu verleiten. Für ein schönes Foto von Ihrem Fahrzeug in Fahrt wird schon mal riskant überholt, für einen Detailblick ganz nahe aufgefahren oder die Fahrbahn riskant gewechselt.

Einmündungen und Kreuzungen sind Gefahrenzonen. Häufig kommt es vor, dass Verkehrsteilnehmer, die einen Oldtimer nahen sehen, noch schnell versuchen, vor dem Oldtimer aus der Einmündung oder über die Kreuzung zu fahren. Psychologisch verbinden andere Verkehrsteilnehmer einen Oldtimer mit geringer Geschwindigkeit. Doch in der Stadt fährt ein Oldtimer ebenso 50 km/h wie jeder andere Verkehrsteilnehmer auch – nur der Bremsweg ist wesentlich länger.

Diese Fehleinschätzung der Geschwindigkeit kann auch bei **Fußgängern zu Fehlverhalten** führen. Achten Sie deshalb ganz besonders auch auf Fußgänger.

Das **Bremsverhalten** eines Oldtimers ist gewöhnungsbedürftig. Der Bremsweg kann im Vergleich zu modernen Fahrzeugen fast doppelt so lang sein. Auch die Fahrzeug-Reaktion auf verschiedenen Fahrbahnbelägen und in unterschiedlichen Fahrsituationen wie Nässe, Glätte oder Schmutz ist meist schlechter als bei modernen Fahrzeugen.

Die **Fahrdynamik** eines Oldtimers erfordert in allen Fahrsituationen Ihre besondere Aufmerksamkeit. So kann man mit einem Oldtimer in einer engen Kurve oder bei einem plötzlichen Spurwechsel stark ins Schlingern kommen. Ursache dafür können schlecht gewartete Reifen und Alterserscheinungen am Fahrwerk sein. Aber auch die alte Technik eines Oldtimers, wie zum Beispiel eine Pendelachse an halbelliptischen Blattfedern, beeinflusst die Fahrdynamik nachhaltig. Durch die einfache Technik alter Zeiten neigt ein Fahrzeug auch zum Über- oder Untersteuern. Selbst auf geraden Strecken kann eine instabile Achsgeometrie, das größere Lenkspiel oder die Qualität der klassischen Reifen zu einem plötzlichen seitlichen Schlingern und gefährlichen Situationen führen.

Technische Mängel sollten Sie wie ein Flugzeug-Pilot vor jeder Fahrt anhand einer sicherheitsrelevanten Checkliste ausschließen.

Fahrsicherheit

Die Theorie: Heben sich Haftreibung und Gleitreibung auf, kommt Ihr Fahrzeug zum Stillstand.

Die Grundlagen der Fahrsicherheit

Viele Oldtimer haben keinerlei technische Unterstützung beim Bremsen. Doch wirken beim Bremsvorgang enorme Kräfte. Es entsteht Reibung zwischen den Reifen und dem Fahrbahnbelag – man spricht von Haft- und Gleitreibung. Beide müssen sich gegenseitig aufheben, damit das Fahrzeug zum Stillstand kommt. Bis sich diese Kräfte aufheben, entsteht eine Strecke, die man als **Bremsweg** bezeichnet – der Weg also, den das Fahrzeug ab dem Zeitpunkt zurücklegt, ab dem die Bremse betätigt wurde.

Die Reaktionszeit ist ein weiterer Faktor. Durchschnittlich benötigt ein Mensch etwa eine Sekunde, bevor er nach Erkennen des Hindernisses den Bremsvorgang einleitet. Diese Sekunde fließt auch in die Wegberechnung des Bremsvorgangs mit ein.

Der Anhalteweg ist der gesamte Weg, der zurückgelegt wird. Er setzt sich zusammen aus dem

Der gesamte Anhalteweg setzt sich aus dem Reaktionsweg und dem Bremsweg zusammen.

So bremsen Sie richtig

Die **Motorbremse** ist durch die guten Bremsen moderner Fahrzeuge quasi in Vergessenheit geraten. Für einen Oldtimer ist sie eine der wichtigsten Formen des Bremsens. Besonders an Berghängen, an denen die Straße dauerhaft bergab geht, muss auch mit Motorbremse gefahren werden. Legen Sie einen niedrigen Gang ein und lassen Sie den Motor die Hauptarbeit des Bremsens übernehmen. Dies gilt übrigens auch beim Anbremsen von Kurven. Schalten Sie zum Anbremsen einer Kurve in den niedrigeren Gang. Gleichzeitig ermöglicht Ihnen dies ein zügigeres Beschleunigen des Fahrzeugs aus der Kurve heraus. Die Motorbremse ist zudem beim Annähern an Ampeln und Kreuzungen sinnvoll.

Achtung! Dauerhaftes Bremsen bei der Talfahrt lässt selbst bei jüngeren Oldtimern die Bremsen heiß werden und führt schließlich zum völligen Versagen der Bremse. Die Motorbremse ist für einen Oldtimer-Fahrer deshalb lebenswichtig!

Die **Vollbremsung** „voll in die Eisen" (das komplette Durchtreten der Bremse) in einer Notsituation gibt sofort den gesamten Bremsdruck an das System, und man erreicht damit den kürzesten Bremsweg. Es kann passieren, dass der Oldtimer bei einer Vollbremsung seine Stabilität und dadurch die Spur verliert. Durch das kurze Lösen der Bremse kann die Lenkfähigkeit wieder aktiviert und dann die Notbremsung fortgesetzt werden.

Vergessen Sie nicht, gleichzeitig die Kupplung zu treten – das kann Ihnen das Leben retten. Schafft es der Fahrer hinter Ihnen nicht, rechtzeitig zum Stillstand zu kommen, können Sie möglicherweise Gas geben und versuchen seitlich auszuweichen. Ist der Motor abgestorben, weil Sie die Kupplung nicht getreten haben, ist diese Chance verloren.

Die **Stotterbremsung** oder **Intervallbremsung** unterteilt sich in zwei Bremsvorgänge: die Zeit, in der das Bremspedal voll betätigt wird, und die Zeit, in der das Bremspedal gelöst wird, um die Lenkung zu korrigieren. Beide Intervalle, auch Brems- und Pausenintervall genannt, wechseln sich ab, bis das Fahrzeug zum Stillstand kommt. Diese Form der Bremsung wird vor allem dann eingesetzt, wenn es zu unterschiedlichen oder glatten Fahrbahnbelägen kommt und unter-

Punktgenaue Ziellandung: Bremsen beim Fahrertraining der Oldtimer-Galerie Toffen

Fahrsicherheit

Bremsen will gelernt sein: Fahrzeugreaktion ohne Stotterbremsung (oben) und mit Stotterbremsung (unten)

schiedliche Gleitkräfte auf die Räder wirken. Es verhindert das Schleudern. Das Pausenintervall ist stark davon abhängig, wie weit sich das Fahrzeug während des Bremsintervalls zur ursprünglichen Fahrtrichtung gedreht hat und wie groß der notwendige Lenkradeinschlag ist. Je größer die Korrektur, desto länger ist das Pausenintervall. Versuchen Sie dabei auch gleich, die Richtung so zu wählen, dass Sie dem Hindernis ausweichen können. Diese Technik ist nicht einfach, denn der Bremsweg verlängert sich extrem und die Kontrolle über die Spur gelingt nicht immer.

Das **Schlupfbremsen** wird eingesetzt, um die Radblockade zu vermeiden und die Spur zu halten. Der Ablauf der Schlupfbremsung ist etwas, was man üben sollte. Zuerst wird bei Erkennen der Gefahr eine Vollbremsung eingeleitet. Sobald die Räder zu blockieren beginnen, wird die Bremskraft zurückgenommen. Ziel ist es, dass sich die Vorderräder noch etwas drehen können. Besonders bei höheren Geschwindigkeiten ist diese Form der Bremsung eine sichere Art, zum Stillstand zu kommen und das Fahrzeug noch gut manövrieren zu können.

Die **Schlagbremsung** brauchen Sie, wenn Sie beispielsweise zügig über eine Kuppe in die Kurve fahren. Das Fahrzeug beginnt zu übersteuern, im schlimmsten Fall geraten Sie ins Schleudern. Einzige Möglichkeit in dieser Situation ist die sogenannte Schlagbremsung. Wie der Begriff bereits vermuten lässt, tritt man hierbei schlagartig und ganz kurz auf die Bremse. Diese kurze Bremsung ermöglicht dem Fahrzeug wieder vollen Bodenkontakt, da sich Flieh- und Anziehungskräfte mit einem Schlag wieder aufheben. Das Fahrzeug kommt zurück in die Spur, und die Kurve kann sicher durchfahren werden.

Üben Sie ruhig mit dem Oldtimer für den Notfall: mit Mut in die Vollbremsung

Das Fahrzeug richtig beurteilen und fahren

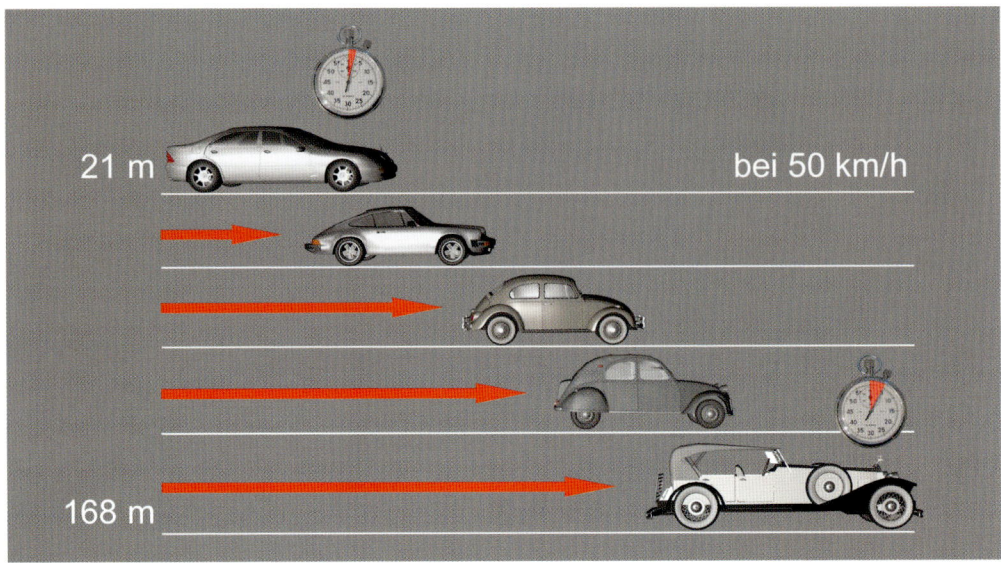

Moderne Fahrzeuge haben einen deutlich kürzeren Bremsweg als Oldtimer.

Reaktions- und dem Bremsweg. Bei einem modernen Fahrzeug liegt dieser auf trockener Straße bei einer Geschwindigkeit von 50 km/h bei etwa 26 Metern. Bei einem Oldtimer kann dieser Anhalteweg bis zu 110 Meter betragen.

Abstand halten ist für Oldtimer-Fahrer besonders wichtig. Folgen Sie der alten Faustregel: Der Sicherheitsabstand entspricht dem halben Wert der angezeigten Geschwindigkeit auf dem Tacho. Innerhalb von Ortschaften sollten es drei Fahrzeuglängen sein.

Das Bremsverhalten beim Oldtimer-Fahren muss neu bedacht werden. Zaghaftes Bremsen kann beim Oldtimer auf Dauer zum Verhängnis werden. Lässt man die Bremse immer wieder schleifen, kann diese heiß werden und schließlich versagen. Gewöhnen Sie sich an, kräftig und kurz zu bremsen. Das erzeugt wesentlich weniger Abrieb, und die Bremsen werden nicht so heiß. Das zaghafte Anbremsen vor einer Ampel oder in eine Kreuzung verursacht einen hohen Verschleiß der Bremse. Besser ist es, vor der Ampel in den zweiten Gang zu schalten und die Motorbremse zu verwenden, denn der zweite Gang funktioniert in der Regel bis kurz vor dem Stillstand (siehe auch den Kasten „So bremsen Sie richtig", Seite 76).

Richtiges Schalten erfordert bei vielen alten Fahrzeugen ein wenig Übung, da sie entweder nur teilweise oder gar nicht synchronisieren. Synchronisation der Getriebe bedeutet, dass sich im Getriebe die verschiedenen Drehzahl-Geschwindigkeiten beim Wechsel von einem Gang zum anderen untereinander anpassen. Um das Getriebe zu schonen, setzt man in Oldtimern beim Schaltvorgang Zwischengas oder Doppelkuppeln ein:

- Das Zwischengas war früher beim Herunterschalten die Regel. Dieser Schaltvorgang erfolgt in drei Phasen. Die Kupplung wird getreten, der Leerlaufgang eingelegt. Währenddessen wird mit dem Gaspedal einmal kurz hochtourig Gas gegeben, wodurch sich die Drehzahl anpasst und bei noch gedrückter Kupplung der niedrigere Gang eingelegt wird.
- Das Doppelkuppeln kommt beim Hochschalten zum Einsatz, das heißt, wenn der nächsthöhere Gang eingelegt werden muss. Bei gedrückter Kupplung wird ausgekuppelt und der Leerlauf

Fahrsicherheit

Die Ideallinie: Bei Punkt B wird das Bremasen eingeleitet – Einschlagen bei Punkt E – Scheitelpunkt bei Punkt S.

Je nach Kurve verändert sich die Anforderung: Lenken Sie bei Punkt A aus und nehmen Sie normal Fahrt auf.

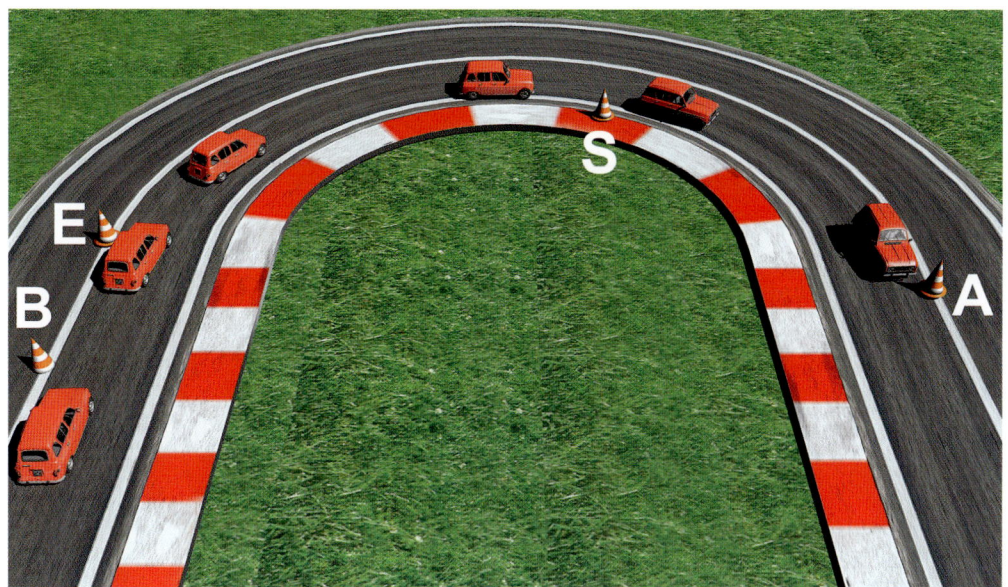

Das Fahrzeug richtig beurteilen und fahren

Ein Beispiel für die Untersteuerung: Das Fahrzeug drängt in der Kurve immer weiter nach außen.

eingelegt, dann wird die Kupplung wieder losgelassen und gleich anschließend wieder gedrückt, wenn der Motor etwas an Drehzahl verloren hat. Jetzt wird der nächsthöhere Gang eingelegt.

Kurven gut zu fahren erfordert mit dem Oldtimer etwas Übung. Die Sicherheits- oder Ideallinie nehmen Sie folgendermaßen: frühzeitig die Kurve anbremsen, spät einlenken, langsam in die Kur-

Übersteuerung: Das Fahrzeugheck bricht in der Kurve aus, das Fahrzeug dreht sich.

Fahrsicherheit

Übungen mit Hindernissen auf Verkehrsübungsplätzen verbessern Ihr Fahrkönnen auch mit dem Oldtimer – hier ein Lancia.

ve fahren und kurz nach dem Scheitelpunkt Gas geben. Die Kurve anzuschneiden wie ein Rennfahrer, ist auf öffentlichen Straßen verboten.

Eine normale Fahrspur in Deutschland ist in etwa 3,5 Meter breit, ein Fahrzeug ca. 1,8 bis 2 Meter. Genug Platz also, um die Fahrspur optimal auszunutzen und die Ideallinie zu fahren. Sie wird in drei Phasen durchfahren: In der ersten Phase wird noch während der Geradeausfahrt bis zu dem sogenannten Einlenkpunkt abgebremst und auch ein niedrigerer Gang eingelegt. In der zweiten Phase fährt man ab dem Einlenkpunkt mit konstanter Geschwindigkeit auf den Scheitelpunkt der Kurve zu. Er liegt bei der Sicherheits-/Ideallinie kurz nach dem Mittelpunkt, im letzten Drittel der Kurve. In der dritten Phase schließlich wird ab dem Scheitelpunkt wieder leicht beschleunigt, die Lenkung geöffnet und auf den Auslenkpunkt zugesteuert. Der Auslenkpunkt liegt in etwa in der Sichtlinie ab dem Scheitelpunkt.

Untersteuerung nennt man die Tendenz von Fahrzeugen mit einem Frontantrieb, bei zu schnellem Einfahren in die Kurve über die antreibende Vorderachse zu schieben. Mit einer Schlagbremsung gewinnen Sie wieder die Kontrolle über Ihr Fahrzeug. Eine Vollbremsung hingegen kann zum Überschlag führen.

Übersteuerung bedeutet, dass bei einem heckgetriebenen Fahrzeug die Hinterachse nach außen drückt und sich infolgedessen das Fahrzeug dreht.

Das Fahrzeug richtig beurteilen und fahren

Praktische Übungen

Übung 1 – das Pylonen-Fahren
Sie benötigen nicht unbedingt Pylonen für diese Übung, es reichen auch Tennisbälle oder leere Dosen. Stellen Sie diese in einer Reihe mit jeweils 15 Meter Abstand voneinander auf. Ziel der Übung ist es, die Pylonen so eng wie möglich mit einer Sicherheitslinie anzufahren. Durchfährt man die Pylonen in einem zu großen Radius, „schaukelt" sich das Fahrzeug nach einigen Pylonen auf unter- oder übersteuert.

Übung 2 – das Kreisfahren
Stellen Sie sich mittig eine Pylone auf und jeweils zehn Meter davon entfernt in alle Himmelsrichtungen eine weitere Pylone. Testen Sie:
- Welche Lastwechselreaktionen zeigt das Fahrzeug beim schnellen Kurvenfahren?
- Wie und wo bricht das Fahrzeug beim Kurvenfahren aus?
- Welche Kräfte wirken auf den Fahrer?
- Wie wirkt sich langsames Gasgeben und -wegnehmen auf das Fahrverhalten des Fahrzeugs aus?
- Wie wirkt sich ruckartiges Gasgeben und -wegnehmen auf das Fahrverhalten des Fahrzeugs aus?
- Wie verhält sich das Fahrzeug bei konstantem Gas und konstantem Lenkradeinschlag?
- Wie verhält sich das Fahrzeug bei konstantem Gas und gleichzeitig durchgeführten, langsamen und sanften Lenkradbewegungen?
- Wie verhält sich das Fahrzeug bei konstantem Gas und gleichzeitig schnellen und großzügigen Lenkradbewegungen?

Übung 3 – die Vollbremsung
Stellen Sie sich zwei Pylonen auf: eine an dem Punkt, ab dem Sie die Vollbremsung starten, die zweite an dem Punkt, an dem Sie denken, dass Ihr Fahrzeug zum Stillstand kommt. Schauen Sie, ob Sie den Abstand richtig eingeschätzt haben.

Übung 4 – die Schlupfbremsung
Stellen Sie sich eine Pylone an dem Punkt auf, an dem die Bremsung eingeleitet wird, eine zweite an dem Punkt, an dem Sie die Kurve fahren müssen, und zwei Pylonen als „Tor", durch das Sie fahren müssen. Ziel ist es, die Bremsung so zu steuern, dass Sie zwischen den beiden Pylonen am Ende zum Stehen kommen.

Wartung und Pflege

Ein Oldtimer will gepflegt und gewartet werden. Die einfachsten und schlausten Tipps für den Umgang mit dem „alten Eisen"
… damit die Freude lange bleibt.

Wartungs-Tipps

Wie jedes Fahrzeug muss auch ein Oldtimer regelmäßig gewartet werden. Je nach Jahrgang fordert der Oldtimer ein mehr oder weniger hohes Maß an Zuwendung. In der Regel findet man die Wartungsperioden im Hand- oder Werkstatthandbuch.

Sicherheitsrelevante Wartungen, wie zum Beispiel an der Bremse oder der Lenkung, sollten Sie unbedingt der Fachwerkstatt überlassen. Ansonsten ist der Vorteil an Oldtimern, dass die Technik noch relativ übersichtlich ist und viele Arbeiten selber ausgeführt werden können.

Regelmäßige Wartungen sind ein Garant für ein hohes Maß an Fahrspaß.

Regelmäßige Arbeiten

Zu den regelmäßigen Wartungen zählt das Überprüfen des Öl- und Kühlwasser-Stands. Überprüfen Sie den Boden unter dem Fahrzeug regelmäßig, dann sehen Sie, ob alle Leitungen und Dichtungen dicht sind.

Der Wartungsplan
Alle 1500 km:
- Ölstand prüfen
- Bremsflüssigkeit überprüfen; zum Nachfüllen immer nur die zugelassene Bremsflüssigkeit verwenden; moderne silikonhaltige Bremsflüssigkeiten dürfen nicht bei Oldtimern verwendet werden
- Wischwasser überprüfen
- Reifendruck messen
- Kühlerflüssigkeit nachfüllen, wenn nötig
- Alle Lichter überprüfen
- Scheiben reinigen und Scheibenwischer prüfen
- Bremse testen
- Schmieren der Achsschenkel-Bolzen
- Radlager prüfen

Alle 5000 km:
- Ölwechsel
- Schmieren der Handbremsen-Züge
- Schmieren der Pedallager
- Schmieren der Vergaser-Stangen und -Züge
- Batterieklemmen reinigen
- Ventilspiel prüfen
- Zündkerzenabstand messen
- Eventuell (bei manchen Oldtimern) Zylinderkopfschrauben nachziehen
- Radmuttern nachziehen
- Bremsbeläge überprüfen

Alle 10 000 km:
- Zündkerzen tauschen
- Türgelenke schmieren und eventuell festziehen
- Gelenke der Kühlerhaube schmieren

Prüfen des Ölstandes und Ölwechsel gehören zu den regulären Wartungsarbeiten.

Wartungs-Tipps

- Keilriemen prüfen und Spannung nachstellen
- Ölfilter tauschen
- Lenkspiel prüfen
- Bremszylinder hinsichtlich Dichtheit und Korrosion überprüfen
- Bremsen nachstellen
- Auspuffrohre auf Dichtheit und sichere Aufhängung überprüfen
- Zündung nachstellen

Alle 20 000 km:
- Zündkerzen überprüfen und messen
- Unterbrecherkontakt prüfen und Kontaktabstand messen (in der Regel 0,4 bis 0,5 Millimeter)
- Kondensator messen
- Ventilspiel nachstellen
- Vergaser-Schwimmerstand messen und Schwimmernadelventil überprüfen
- Vergaserdüsen nachstellen und reinigen
- Zündung überprüfen
- Fahrwerklager überprüfen und eventuell austauschen
- Lenkspiel prüfen
- Radlager prüfen
- Stoßdämpfer prüfen
- Kraftstofffilter reinigen
- Luftfilter tauschen
- Kraftstoffpumpe prüfen
- Scheinwerfer neu einrichten

Reinigen Sie auch regelmäßig den Luftfilter Ihres Oldtimers oder Youngtimers.

Alle 50 000 km:
- Bremsbeläge wechseln
- Bremsflüssigkeit tauschen
- Unterbrecherkontakt austauschen
- Zündung prüfen und eventuell neu einstellen
- Fahrzeug auf Korrosion überprüfen und eventuell befallene Stellen warten

Welches Öl ist geeignet?

Nicht jedes Öl ist für Oldtimer geeignet – im Gegenteil: Die meisten Öle, die man an der Tankstelle nebenan oder im nächsten Baumarkt erhält, sind es nicht. Besonders bei Fahrzeugen, die vor 1960 gebaut wurden, können mit modernem synthetischen Öl massive Motorschäden entstehen. Moderne synthetische Öle sind flüssiger und erreichen zwar auch die Stellen, die beim Oldtimer oft kritisch sind. In der dünneren Konsistenz liegt aber das Problem, denn das Öl schmiert bei Oldtimer-Motoren nicht gut genug, wenn die hohen Betriebstemperaturen erreicht sind. Daher ist von der Verwendung von Vollsynthetik-Ölen für Oldtimer und Youngtimer bis in die frühen 80er-Jahre unbedingt abzuraten.

Teilsynthetische Mehrbereichsöle können in Motoren ab 1970 verwendet werden.

Oldtimer-Motoren sollten unbedingt ein Einbereichsöl der Viskosität SAE 50 bis 20, je nach Herstellerangabe, erhalten. Diese sind übrigens auch wesentlich preisgünstiger als die modernen High-Tech-Öle.

Der **Öldruck** ist ein wichtiger Hinweis auf den Zustand eines Motors. Er entsteht durch den Transport des Öls über die Ölpumpe. Diese befördert es aus der Ölwanne zurück in das Ölschmiersystem. Geringerer Öldruck bedeutet, dass ein Verschleiß aufgetreten und irgendwo im System ein Spalt entstanden ist. Durch diesen Schmierspalt dringt zu viel Schmieröl durch. Das kann zu Motorschäden wie einem Kolbenfresser oder Lagerüberhitzung führen.

Wartung und Pflege

Viele Oldtimer benötigen zum normalen Kraftstoff zusätzlich Bleiersatz.

Ein regelmäßiger **Ölwechsel** ist das A und O eines gut laufenden Motors. Im Laufe der Betriebszeit bilden sich im Öl Ablagerungen. Diese enthalten feine Metallspäne, säurehaltige Rückstände und korrosionsfördernde Bestandteile.

So tanken Sie richtig

Die Kraftstoffe aus den alten Zeiten sind von unseren Tankstellen verschwunden. Erst kam der Wechsel auf bleifreie Kraftstoffe, und seit 2010 ist an den meisten Tankstellen auch das Normal-Benzin verschwunden. Dennoch muss man beim Betanken des Fahrzeugs auf einige Dinge achten.

Moderne Kraftstoffe sind schädlich für die Ventilsitze älterer Fahrzeuge. Durch die erhöhte Hitze entstehen an den Ventilsitzen Verbrennungen. Man kann diesem entweder vorbeugen, indem die Ventilsitze umgebaut und gehärtete Sitze eingesetzt werden, oder man mischt beim Tanken dem Kraftstoff immer einen sogenannten „Bleizusatz" bei. Dieser sorgt für die „kühlere" Verbrennung und schont die Ventilsitze. Bei vielen Fahrzeugen nach 1970 sind die Ventilsitze bereits an die modernen Kraftstoffe angepasst und daher der Zusatz nicht mehr notwendig.

Seit 2011 ergibt sich aber eine neue Problematik. Die umgestellten Zapfsäulen mit dem Kraftstoff E10 mit einem zehnprozentigen Ethanol-Anteil sind auf keinen Fall zu empfehlen – weder für Oldtimer noch für Youngtimer. Für die Verwendung dieses Kraftstoffs müssen alle Bauteile des Kraftstoffsystems und des Motors angepasst sein.

Das Abschmieren

Reguläres Abschmieren der Schmierstellen darf nicht vergessen werden. Besonders bei Fahrzeugen bis in die 1960er-Jahre befinden sich an den diversesten Stellen Abschmiernippel.

Einen genauen Überblick verschafft ein Schmierplan für das jeweilige Fahrzeug, in dem auch die Intervalle, wie oft die Stellen geschmiert werden müssen, vermerkt sind. Mit einer Schmierpumpe werden diese Stellen mit neuem Schmierfett gefüllt.

Alles rund um die Reifen

Prüfen Sie den Luftdruck regelmäßig. Um zu verstehen, weshalb die Reifen eine solche Aufmerksamkeit benötigen, möchte ich Sie gerne in die alten Zeiten zurückversetzen. Bedenken Sie, dass bis in die 1970er-Jahre viele Fahrzeuge die Geschwin-

Vorsicht vor Bio-Ethanol: Oldtimer werden unter anderem an Gummidichtungen geschädigt.

Auswirkungen von Bio-Ethanol

Da sich im Benzintank, wie auch in den Kraftstoffleitungen und -systemen, über die Jahre Rückstände angesammelt haben, wird es am Anfang bei der Verwendung von Bioethanol Probleme geben. Der Grund dafür ist, dass Ethanol auch ein Lösungsmittel ist und diese Rückstände löst. Dabei flocken die Rückstände aus und verstopfen schließlich Filter, Pumpe und Vergaser. Diese Probleme erledigen sich allerdings bei dauerhafter Verwendung von Bio-Ethanol, da die Sedimentrückstände nach und nach gelöst und dadurch Leitungen bzw. Bauteile nach dem längeren Gebrauch gereinigt sind. Allerdings empfiehlt es sich, gerade in der Anfangsphase einen Zusatzfilter vor empfindliche Bauteile wie Benzinpumpe und Vergaser einzubauen. Der Filter muss regelmäßig gereinigt werden.

Bio-Ethanol und Kunststoff/Gummiteile bzw. Metalle: Besonders bei Vorkriegsfahrzeugen wurden viele Komponenten aus Elastomeren (gummiartigen Plastikteilen) und Aluminium verbaut. Ethanol greift diese Teile an. Aluminium korrodiert, und die Elastomere beginnen porös zu werden und zu zerfallen. Damit können auch wieder Bestandteile in die feinen Düsen des Vergasers gelangen. Besonders schwer betroffen sind folgende Materialien/Bauteile:
- Nylon
- Kork
- Schellack (ist in seiner Grundform mit Alkohol verdünnt)
- Polyester und Epoxy
- Elastomere und Dichtungsmaterialien

Zum größten Teil sind Vergaser aus Aluminium gegossen. Ethanol greift Aluminium an und verursacht auf Dauer Korrosion. Dieser Effekt ist allerdings noch nicht im Ganzen nachgewiesen. In Südamerika wird bereits Bio-Ethanol-Kraftstoff verwendet, die Vergaser werden entsprechend darauf umgerüstet. Die alten Vergaser wurden durch eine Kupfer-Galvanisation angepasst und damit vor der Ethanol-Korrosion geschützt. Durch eine Langzeitstudie ist mittlerweile ermittelt, welche Metallarten im Kraftstoffsystem durch die Nutzung von Bio-Ethanol angegriffen werden und dadurch korrodieren. Folgende Metalle sind bei Oldtimern besonders betroffen:
- Teile aus Zink oder mit Zinklegierungen (auch verzinkte Metalle)
- Bronze
- Kupfer
- Stahl mit einer verbleiten Schicht
- Aluminium

Diese Metalle werden vor allem im Tanksystem, in den Kraftstoffleitungen, Verbindungselementen im Kraftstoffsystem und den Vergasern verwendet. Die anfängliche Meldung in den meisten Fachmedien, Vergaser mit Bronze galvanisieren zu lassen, ist somit widerlegt, da auch Bronzelegierungen nach den neuesten Erkenntnissen vor Korrosion nicht geschützt sind. Die Kraftstoffindustrie ist also gefordert, entsprechende Additive zu entwickeln, die diese Systeme schützen. Bei modernen Fahrzeugen sind die meisten Fahrzeugteile im Kraftstoffbereich aus Kunststoff und somit nicht betroffen.

---

digkeit von 100 bis 140 km/h nicht überschritten. Die Straßen hatten nicht die Beschaffenheit wie heutzutage, und man fuhr noch wesentlich mehr Landstraße, da das Verkehrsnetz noch nicht so gut ausgebaut war. Daher sind die Reifen von damals nicht für hohe Geschwindigkeiten ausgelegt. Wenn nun die Reifen zu wenig Druck haben, werden Sie extrem heiß und können Schaden nehmen.

Daher lautet die Empfehlung, die Reifen immer mit möglichst hohem Druck zu fahren. Zu niedriger Druck führt außerdem zu einem „schwammigen" Fahrverhalten.

Bis in die 1980er-Jahre wurden die sogenannten Diagonalreifen gebaut. Diese Form der Reifen setzt sich aus schräg überlappenden Karkassenlagen zusammen. Beim Fahren mit solchen Reifen

Wartung und Pflege

Passt der Reifen? Experten für Oldtimer-Reifen wissen Rat, welcher Pneu der richtige ist.

Das Reifen-ABC

Alle Angaben über die Dimension und Beschaffenheit eines Reifens können vom Code auf der Reifenflanke abgelesen werden. Die Verschlüsselungen geben Aufschluss über die Maße, die zulässige Höchstgeschwindigkeit, die Bauart und die Traglast.

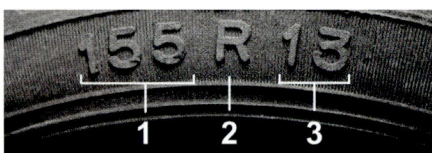

Die Kennziffern ergeben folgende Aufschlüsselung:
1 Reifen Querschnitt
2 Geschwindigkeits-Index
3 Felgendurchmesser in Zoll

Aufschlüsselung des Geschwindigkeits-Index
L = 120 km/h   T = 190 km/h
M = 130 km/h   U = 200 km/h
N = 140 km/h   H = 210 km/h
P = 150 km/h   V = 240 km/h
Q = 160 km/h   W = 270 km/h
R = 170 km/h   Y = 300 km/h
S = 180 km/h

spüren Sie, dass diese auf unterschiedliche Straßenbeläge sehr instabil reagieren.

Noch ein sehr wichtiger Punkt ist zu beachten. Oldtimer werden nicht so oft gefahren wie ein normales Fahrzeug. In der Regel liegt die Lebensdauer eines Reifens bei fünf Jahren. Das Herstellungsdatum eines Reifens kann an der Reifenflanke abgelesen werden. Es ist deshalb wichtig, den Reifen auch in der Standzeit eine entsprechende Pflege zukommen zu lassen (siehe dazu auch das Kapitel „Wintereinlagerung", Seite 92).

Frühlings-Erwachen

Batterie prüfen und laden. Vor dem Einbau sollten Sie die Endpole und Polklammer auf Sauberkeit prüfen. Kratzen Sie eventuellen Säureschwamm weg. Nach dem Festklemmen fetten Sie die Teile zum Schutz gegen Oxidation mit Säurefett oder Vaseline ein.

Reifen auf den vorgeschriebenen Druck aufpumpen. Prüfen sie die Ventile auf Dichte. Hierbei hilft ein alter Trick: Geben Sie etwas Speichel auf die Schlauchventilöffnung. Bei Bläschenbildung entweicht Luft – das Ventil ist also nicht mehr dicht. Prüfen Sie, ob sich das Ventil vielleicht nur gelockert hat.

Säubern Sie Endpole und Polklammern vor dem Einbau der Batterie, um Säureschwamm zu entfernen.

Wartungs-Tipps

Nach den Vorbereitungs-Arbeiten darf sich der Oldtimer-Freund auf die ersten Ausfahrt im Frühling freuen.

Öffnen Sie die Fahrzeugtüren beim ersten Mal vorsichtig. Klemmt der Schlüssel oder lässt er sich nicht leicht drehen? Etwas Petroleum in den Schlüsselschlitz spritzen wirkt Wunder. Türen, die nur schwer gehen, können Sie mit etwas Schmierseife an Schließblechen, Türnasen und Schnappern wieder flott bekommen.

Ölstand prüfen. Eventuell muss der Ölstand nachgefüllt werden. Haben Sie den Wagen mit Winteröl stillgelegt, sollten Sie auf Sommeröl wechseln. Ein Durchwaschen mit Spülöl dazwischen wird empfohlen. Das Gleiche wie für Motoröl gilt auch für Schmiermittel in Getriebe und Achsantrieb bzw. in der Zentralschmierung. Diese sollte man übrigens einmal kräftig durchtreten, nachdem man sich vergewissert hat, dass noch Öl im Behälter ist.

Die Elektrik prüfen. Sehen Sie sich die Sicherungen an. Ersetzen Sie durchgebrannte Sicherungen. Machen Sie auf keinen Fall eines der ge-

Nach der Winterpause wird der Luftdruck des Reifens kontrolliert und gegebenenfalls nachgepumpt.

Überprüfen Sie vor dem ersten Start den Ölstand.

Wartung und Pflege

Überprüfen Sie alle Fahrzeug-Sicherungen einzeln auf Ihre Funktionsfähigkeit.

Steckt das Zündkabel Ihres Oldtimers richtig fest?

legentlich empfohlenen Experimente mit Staniolpapier. Das kann teuer werden, da es zu einem Fahrzeugbrand führen kann.

Zündkabel dürfen nicht brüchig geworden sein oder äußerlich auf eine Stromunterbrechung hinweisen.

Zündkerzen herausschrauben, mithilfe einer Kerzenlehre den Elektronenabstand prüfen. Stimmt er nicht mit der Vorschrift in der Betriebsanleitung überein, können sie selbst – unter größter Vorsicht – nachhelfen und den Abstand mit einer Rundzange nachbiegen.

Natürlich müssen die Kerzen auch gut gereinigt werden. Am besten geht das mit Benzin und einer kleinen Messingdrahtbürste. Waren ihre Kerzen mehr als 10.000 Kilometer in Betrieb, empfiehlt sich der Einbau eines neuen Satzes. Bevor Sie die Kerzen wieder einschrauben, gießen Sie in jede Kerzenöffnung einen Esslöffel dünnen Motor- oder Oberschmieröls. Das wird der Motor beim ersten Anlassen mögen.

Verteilerkappe mit einem nicht fasernden, weichen Tuch auswischen, danach die Verteilerläufer (Verteilerfinger) säubern.

Unterbrecher-Kontakte müssen gut und über die ganze Fläche anliegen und richtig abheben (mit der Handkurbel den Motor durchdrehen). Wichtig: Alles muss ganz sauber sein, es darf keine Schmorstellen geben. Falls doch, arbeiten Sie mit einer kleinen, feinen Feile nach. Nehmen Sie kein Schmirgelleinen, da das feine Schmirgelpulver in das Unterbrechergeber-Gehäuse gelangen und dort reiben könnte.

Lichtmaschinen-Kollektor säubern. Befestigen Sie an einem Stäbchen einen leicht mit Benzin getränkten Lappen. Drücken Sie den Lappen an den Kollektor und bewegen Sie den Lüfterriemen. Wird die Lichtmaschine durch Zahnradübertragung angetrieben, brauchen Sie jemanden, der den Motor mit der Handkurbel langsam durchdreht.

Prüfen Sie den Kontaktabstand der Zündkerze (Bild oben) und biegen Sie den Abstand im Bedarfsfall nach (Bild unten).

Wartungs-Tipps

Im Zündverteiler reinigen Sie die Kontakte mit einem weichen Tuch.

Zur Sicherheit kontrollieren Sie nach längerer Standzeit auch den Unterbrecherkontakt.

Überprüfen Sie alle **Lampen** hinsichtlich ihrer Funktion, auch die Brems- und Schlusslichter.

Prüfen Sie bei der **Kühlanlage**, ob der Ablasshahn gut verschlossen ist. Sind die Verbindungsschläuche frei und nicht brüchig? Füllen Sie den Kühler mit destilliertem Wasser und geben Sie dem Kühlwasser Korrosionsschutzöl zu (Anweisung auf der Dose). Dann wird der Lüfterriemen aufgezogen bzw. wieder angespannt. Er muss so viel Spannung haben, dass man die Lüfterriemenscheibe gerade noch von Hand drehen kann bzw. dass sich der Riemen mit einem mittleren Daumendruck um etwa 1 bis 1,5 Zentimeter durchdrücken lässt.

Prüfen Sie an den **Bremsen**, ob ausreichend Füllung im Behälter ist, andernfalls müssen Sie Bremsflüssigkeit (nicht Motoröl!) nachfüllen.

Schmierstellen abschmieren. Dazu müssen Sie den Schmiernippel von Schmutz befreien.

Stimmt die Spannung des Keilriemens (Bild oben)? Enthält die Kühlerflüssigkeit ausreichend Korrosionsschutzöl (Bild unten)?

Die Funktionsprüfung aller Lichter inklusive Blinker und Bremsleuchten gehören mit zum Frühjahres-Check.

Wartung und Pflege

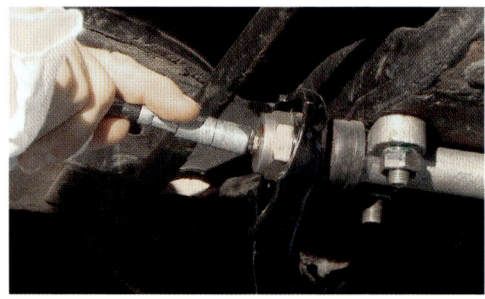

Schmieren Sie die Schmierstellen ab.

Winter-Einlagerung

Führen Sie die letzten Arbeiten vor dem Winter an einem warmen Tag durch, damit die Feuchtigkeit noch vor der kalten Jahreszeit trocknen kann.

Motor- und Fahrgestell-Säuberung: Das Fahrgestell reinigen Sie am besten mit einem Hochdruckreiniger, idealerweise auf einer Hebebühne. Den Motorblock, das Getriebe, Achsgehäuse und die Unterseite des Rahmens waschen Sie mit Petroleum (Pinsel zu Hilfe nehmen) gut ab. Dies ist die konventionellste Art und Weise, diese Reini-

Wer im Winter Oldtimer fahren will, muss zahlreiche Vorkehrungen treffen.

gung vorzunehmen. Sie können aber auch einen handelsüblichen Motorreiniger verwenden. Befindet sich am Rahmen, an den Federn oder an einem anderen Teil des Fahrgestells Rost, wird dieser sauber abgekratzt und Schutzfarbe aufgetragen. Anschließend spritzen Sie alle Teile des Fahrgestells mit Korrosions-Schutzöl (zum Beispiel WD40) ein.

Das **Kühlsystem** reinigen Sie zuerst von außen. Mit einer Druckluftpistole werden Insekten entfernt, ein eventueller Rostansatz an der Kühlerverkleidung abgekratzt und Schutzfarbe aufgetragen. Die Innenreinigung des Kühlsystems geht bei Betriebstemperatur effektiver. Man reinigt den Kühler von Kesselstein und auch Fett mit einer fünf- bis zehnprozentigen Sodalösung. Zuerst wird das Kühlwasser abgelassen, dann die Sodalösung eingefüllt – sie sollte 24 Stunden im Kühler verbleiben. Dabei sollte der Wagen, wie gesagt, durchgehend in Betrieb sein. Anschließend einmal klar durchspülen.

Schmierung aller Betriebsteile: Im Schmieröl des Motors, des Getriebes und der Achse sind Abrieb- und Ölkohleteilchen enthalten. Es ist wichtig, all diese Verunreinigungen zu entfernen. Das Motoröl wird vollkommen abgelassen, die Ablassschraube wieder eingeschraubt und das Spülöl eingegossen (ca. zwei bis drei Liter, je nach Fassungsvermögen der Ölwanne). Mit dem Spülöl lässt man den Motor einige Minuten im Leerlauf arbeiten, dann lässt man das Spülöl ablaufen. Zum Spülen darf nur reines, dünnflüssiges Motoröl verwendet werden.

Nun den Ölfilter herausnehmen. Handelt es sich um einen Spaltfilter, genügt es, den Schlammraum (mit dünnem Motoröl) zu säubern. Im Falle eines Tuchfilters ist es besser, gleich einen neuen Filter einzubauen. Anschließend mit Frischöl auffüllen und den Motor einige Minuten im Leerlauf arbeiten lassen. Wie das Motorenöl, so wird auch das Öl in Getriebe und Antriebsachse erneuert und auf alle Fälle zwischen Ablassen des Altöls und Auffüllen des Frischöls mit Spülöl gereinigt.

Wartungs-Tipps

Lagern Sie den Oldtimer wie diesen Morris Minor im Winter auf Böcken – so werden die Reifen geschont.

Zündkerzen herausdrehen, Motor Guard in den Verbrennungsraum sprühen, den Motor ein paarmal durchdrehen und die Zündkerzen anschließend wieder einsetzen.

Die **Kraftstoffanlage**: Nach der letzten Ausfahrt wird der Tank komplett gefüllt und mit einem Additiv versetzt, zum Beispiel dem Kraftstoff-Stabilisator von Liqui Moly, Sta-Bil oder der Firma Wynn's (zu erhalten bei Amazon.de). Danach lässt man den Motor noch einmal etwa zehn Minuten laufen.

Waschen Sie den **Luftfilter** in Waschbenzin oder Spiritus aus. Handelt es sich um einen Luftfilter, der eine Filzeinlage oder ein anderes Gewebeteil enthält, achten Sie darauf, dass dieses nicht benetzt wird.

Batterieausbau bei Fahrzeugen, die keine elektronischen Bauteile enthalten. Sobald Systembauteile wie eine elektronische Einspritzpumpe, ABS oder andere elektronische betriebsrelevante Bau-

Vor der Winterpause werden die Zündkerzen noch einmal sorgfältig gereinigt.

steine im Fahrzeug eingebaut sind, muss die Batterie eingebaut bleiben und am besten mit einem speziellen Batterie-Ladegerät auf Spannung gehalten werden.

Bremsen: Bei hydraulischen Öldruckbremsen den Behälter mit Bremsflüssigkeit auffüllen.

Reifen: Idealerweise bocken Sie Ihr Fahrzeug auf, um die Reifen vor Verformungen durch den Ge-

Wartung und Pflege

Suchen Sie nach kleinen Lackkratzern, nachdem der Wagen gründlich mit Wasser gereinigt wurde.

wichtsdruck zu schützen. Wird der Wagen nicht aufgebockt, sollten die Reifen auf sogenannte Reifenschalen gefahren werden – füllen Sie die Reifen vorher um zwei bis sechs Bar auf. Ansonsten wird empfohlen, den Wagen immer wieder ein wenig hin- und herzuschieben.

Unter dem Wagen breitet man sauberes Papier aus oder streut Sand, damit das abtropfende Öl aufgesaugt wird. Ein sehr guter Rat ist auch das Ausstreuen von Katzenstreu. Dieses bindet das Öl ab und hinterlässt nur Klumpen, die einfach entsorgt werden können.

Polieren und pflegen Sie Chromteile mit geeigneten Mitteln, zum Beispiel Chrompaste.

Pflege-Tipps

Im Folgenden finden Sie nützliche Tipps, wie Sie mit wenigen Handgriffen und dem richtigen Material Ihr Schätzchen aufhübschen.

Lack und Chrom richtig reinigen

Die **Lackreinigung** beginnt mit einem sorgfältigen Waschvorgang. So werden lose Schmutzteile entfernt. Ist die Lackoberfläche trocken, untersuchen Sie sie nach feinen Kratzern, die Sie durch eine Politur entfernen können. Achtung! Bei der Politur immer gegen sichtbar vorhandene Spuren arbeiten. Die Lackaufbereitung soll so schonend wie möglich geschehen, da jedes Mal eine feinste Schicht abgetragen wird.

EXPERTEN-TIPP **Erst testen, dann polieren**
Probieren Sie die Wirksamkeit des Poliermittels zuerst an einer nicht besonders sichtbaren Stelle mit leichten Kreisbewegungen. Probieren Sie unterschiedliche Tücher oder Schwämmchen, denn auch sie haben Einfluss auf das Ergebnis. Wählen Sie möglichst milde Poliermittel.

Die Innenreinigung

Kaum zu glauben, aber wahr: Wenn es ums Auto geht, hat jeder fünfte Deutsche Spaß am Putzen! Gerade Oldtimer brauchen immer wieder Aufmerksamkeit. Der Fachmann nennt das Innen-Aufbereitung.

Staubsaugen Sie vor Beginn jeder Reinigung das Fahrzeug gründlichst aus. Das gilt nicht nur für den Fußboden und die Teppiche, sondern auch für die Polster. Alle folgenden Reinigungsarbeiten sind mit Feuchtigkeit verbunden und würden noch vorhandenen oberflächlichen Schmutz nur tiefer einsinken lassen. Vergessen Sie nicht, mit der Düse auch zwischen Rückenlehne und Sitzpolster die Falte auszusaugen – manchmal findet sich da auch noch die eine oder andere Kleinigkeit, die man länger schon vermisst hat.

Glattleder-Sitze zeigen nach einigen Jahren Farb-Ermüdungen. Die Brillanz des Leders verschwindet, denn in der feinen, natürlichen Lederstruktur haben sich feinste Partikel angesammelt, die das Leder grau und stumpf erscheinen lassen. Beginnen Sie mit dem Auftragen der Lederreinigungs-Substanz (nur bei Glattleder). Sie können das Mittel direkt auf das Leder sprühen. Bei starker Verschmutzung nehmen Sie eine weiche Reinigungsbürste und lösen den Schmutz unter mittelstarkem Druck mit kreisenden Bewegungen.

Achtung! Wischen Sie mit dem Baumwolltuch nur in eine Richtung ab! Lassen Sie nun das Le-

Bei kreisenden Bewegungen reinigt die Bürste auch die tiefere Struktur des Leders oder Kunstleders.

Der Arbeitsaufwand lohnt sich – das Leder oder das Imitat erscheint wieder wie neu.

Das Innenleben eines Alfa Romeo Spider auf Hochglanz gebracht – so lädt er lädt zum Einsteigen und Losfahren ein.

der komplett trocknen, bevor mit einer Ledermilch die Substanz des Naturmaterials wieder angereichert wird. Die Ledermilch geben Sie auf ein Baumwolltuch und reiben damit den Ledersitz gründlich ein. Nach etwa zwei Stunden ist die pflegende Emulsion komplett eingezogen (siehe auch den Tipp-Kasten „Lederreinigung").

Leder reinigen: Es lohnt sich, auf ein besonders reichhaltiges und gehaltvolles Reinigungs-/Pflegeprodukt auf ph-neutraler Basis zurückzugreifen. Bei Ledermilch achten Sie bitte auf Mittel auf Basis von Emulgatoren, die UV-Filter beinhalten. Besorgen Sie sich außerdem ein sauberes Baumwolltuch und eine weiche Bürste.

EXPERTEN-TIPP **Leder reinigen**
Für die Komplett-Behandlung eines Sitzes sollten Sie bei gründlicher Reinigung und anschließender Pflege ca. drei Stunden einrechnen, da zwischendurch auch Trocknungs- und Einwirkzeiten eingehalten werden sollten.

Denken Sie daran, dass Sie bei einer Sitzbehandlung nicht mittendrin aufhören können – der Vorher-Nachher-Unterschied ist so markant, dass Sie dafür jeden Termin sausen lassen würden!

Achten Sie besonders bei Stoffen auf gleichmäßige Verteilung des Reinigungsmittels.

Polster reinigen: Besonders an den Einstiegstellen sieht man bei Oldtimern die Schmutzstellen an den Sitzen. Nehmen Sie für textile Polster ein Reinigungsmittel, das sich gleichmäßig auftragen lässt – etwa Pumpsprühsysteme oder Druckdosen. Achtung! Verteilen Sie das Reinigungsmittel gleichmäßig und großzügig auf der zu reinigenden Fläche. Dann wird das Polster unter sanftem Druck mittels einer Bürste und kreisenden Bewegungen bearbeitet. Dadurch wird der Schmutz auch in tieferem Gewebe gelöst und in den Reinigungspartikeln gebunden. Je nachdem, wie feucht Sie gearbeitet haben, dauert die Trocknung zwischen einer oder zwei Stunden. Danach kann das Reinigungsmittel mit dem Schmutz gründlich abgesaugt werden (siehe auch den Tipp-Kasten „Reinigung textiler Polster").

EXPERTEN-TIPP **Textile Polster reinigen**
Achtung bei Velours! Bearbeiten Sie besonders schmutzige Stellen mit der Handbürste und bringen Sie unbedingt mit einem Netzschwamm vor dem Trocknen die Strich-Richtung wieder in Form. Nach dem Trocknen ist das nicht mehr möglich.

Die Reinigung textiler Polster ersetzt das Fitness-Studio, denn sie ist körperlich wirklich anstrengend. Auch zeitlich ist sie aufwändig. Rechnen Sie inklusive Trocknungszeiten mit zwei bis drei Stunden pro Sitz.

Fußraum: Wer herausnehmbare Fußmatten besitzt, hat bei der Reinigung Vorteile. Legen Sie die Matten flach auf den Fußboden und besprühen Sie sie großzügig mit dem Schaum. Achten Sie beim Verteilen des Schaums darauf, dass Sie die Masse gleichmäßig aufbringen, denn dadurch erhalten Sie ein ebenmäßiges Enderscheinungsbild.
   Mit der Bürste wird nun das Material kräftig geschrubbt. So löst sich der Schmutz aus den einzelnen Fasern, die sich dank der festen Borsten der Bürste und der Feuchtigkeit auch wieder aufstellen. Je nach Feuchtigkeitsgrad dauert der Trocknungsprozess mehrere Stunden. Danach

saugen Sie das getrocknete Schaum-Material mit dem gelösten und darin gebundenen Schmutz gründlich ab. Bei Fußmatten, die einen eingearbeiteten Gummiteil oder Kunststoffteile haben, empfehlen wir nach der Reinigung mit Kunststoffreiniger, mit der kleinen Handbürste etwas Glycerin auf den Wischlappen zu geben. Das gibt dem Gummimaterial Geschmeidigkeit zurück und nährt, sodass die Farbe wieder satter und neuer aussieht.

EXPERTEN-TIPP **Gummimatten auffrischen**
Geben Sie in das Waschwasser von Gummi-Fußmatten einen kleinen Schuss Parafinöl oder auch Glycerin (aus der Apotheke). Bei schlimmen Fällen erhält das Gummi-Material, wenn Sie die Matten darin einlegen, seinen dunklen Glanz wieder und auch die Geschmeidigkeit.

Türbespannungen zu reinigen erfordert viel Feingefühl. Vorsicht vor zu viel Nässe – vor allem bei textilen Materialien! Viele der Stoffe sind lediglich über eine dicke Pappe gespannt. Geben Sie das Reinigungsmittel auf ein sauberes Tuch (sehr praktisch sind Mikrofasertücher). Mit leichtem Druck massieren Sie nun gleichmäßig über die Fläche.

Einfacher ist es, wenn Ihre Türverkleidung aus glattem Material ist. Geben Sie etwas Kunststoffreiniger auf das Tuch. Achten Sie darauf, dass Sie ein Reinigungsmittel einsetzen, das keine bleichenden Substanzen enthält.

Achtung bei Velours! Bearbeiten Sie besonders schmutzige Stellen mit der Handbürste und bringen Sie unbedingt mit einem Netzschwamm vor dem Trocknen die Strich-Richtung wieder in Form.

Schwarze Striche an den Kunststoff-Innenseiten der Fahrzeugtüren entstehen beim Ein- und Aussteigen durch Schuhsohlen oder -absätze. Um diese zu entfernen, hilft kein Schrubben mit Putzmittel oder Kunststoffreiniger. Aber mit einem simplen weißen Radiergummi können Sie die Striche entfernen. Zugegebenermaßen ist diese Arbeit wirklich mühsam, aber es lohnt sich.

Fußmatten erstrahlen nach einer Behandlung mit Parafinöl oder Glyzerin wieder in sattem Schwarz.

Hässliche schwarze Striche vom Ein- und Aussteigen an den Türen entfernen Sie leicht mit Radiergummi.

Das brauchen Sie: Einen farblosen, harten Radiergummi; in gut sortierten Schuhgeschäften finden sie auch Pflegegummis für Glattleder, die sich ebenfalls eignen.

Kunststoffteile sind nach einiger Zeit wie von einem Film mit hauchdünnem Schmutz überzogen. Mit einem feinen Schwamm und kreisenden Bewegungen rücken Sie Verschmutzungen leichter auf die Pelle. Bei stärkerer Problematik lösen Sie den Fall mit einer kleinen Bürste und etwas Druck. Ein Tipp: Geben Sie etwas Parafinöl ins Wischwasser – das duftet nicht nur frisch, sondern gibt dem

Wartung und Pflege

Eine Augenweide: Holz auf Hochglanz gebracht. Polieren Sie Chromumrandungen besonders vorsichtig.

Kunstleder außerdem etwas von der früheren Elastizität wieder.

Auch **Holzfurniere** verlieren mit der Zeit an Feuchtigkeit und Ölen. Sie beginnen, spröde zu werden, mancher Lack lässt den Glanz vermissen. Hier gibt man dem natürlichen Material seine Kraft für lange Zeit zurück, indem man ein hochwertiges Produkt mit natürlichen Inhaltsstoffen verwendet. Bei stark mitgenommenem Holz beginnen Sie mit einer Feinpolitur. Tragen Sie das Mittel auf einem weichen Tuch mit Auf- und Abwärtsbewegungen auf. Gehen Sie sanft vor. Wischen Sie die Politur vorsichtig mit kleinen Bewegungen weg. Tragen Sie nun die Holzpolitur auf. Gut eignet sich dafür ein Mikrofaser-Politurtuch.

Chrom wird mit einem weichen Tuch von Anlaufspuren und Flugrost befreit. Nach dem vollständigen Trocknen des Poliermittels wischen Sie es mit einem Baumwolltuch auf Hochglanz. Die Chromleisten im Innenraum erfordern Fingerspitzengefühl. Achten Sie darauf, dass Sie mit der Polierpaste nicht über die Chromleisten hinaus auf den Untergrund kommen und ihn verkratzen. Nehmen Sie deshalb eine sehr feine Polierwatte oder ein dünnes Tuch und tragen extrem wenig halbflüssige Emulsion auf.

Lüftungsschlitze und feine Rillen bekommen Sie mit einem ganz leicht geölten Pinsel wieder sauber. Wer Druckluft zur Verfügung hat, erzielt auch damit beste Ergebnisse. Notfalls könnten Sie sich auch mit einem feuchten Wattestäbchen behelfen.

Pflege-Tipps

EXPERTEN-TIPP **Geräte mieten statt kaufen**
In vielen Baumärkten gibt es bei den Leihgeräten auch Sprühextraktionsgeräte. Zuerst wird die Reinigungslösung auf das zu reinigende Material gesprüht, eine Unterdruckpumpe saugt die Flüssigkeit dann anschließend wieder aus dem Stoff oder Teppich. Die Ergebnisse bei Polstern und Teppichen sind beeindruckend (auch wenn man das Schmutzwasser sieht). Denken Sie vor dem Einsatz daran, dass zum Beispiel ein Sitz gut einen Tag zum Trocknen braucht. Vorsicht geboten ist bei der Wahl des chemischen Reinigungsmittels, das in den Wasser-Tank gefüllt werden muss. Bleichende Inhaltsstoffe führen zwar zu einem optisch helleren Ergebnis, können aber bei ungleichmäßiger Anwendung unschöne Folgen haben.

Dichtungen pflegen Sie, indem Sie diese mit Vaseline oder einem Pflegestift einstreichen. So bleiben sie geschmeidig und behalten ihre dunkle Farbe. Auch bei frostigen Temperaturen ist so sichergestellt, dass der Gummi nicht aneinander friert.

Fensterscheiben können Sie problemlos mit einem herkömmlichen Glasreiniger sauber machen. Wichtig ist, dass die Innenseite der Scheibe frei wird von dem feinen grauen Film, der sich daran gelegt hat. Wischen Sie nach der Reinigung gründlich mit einem sauberen, trockenen Tuch nach, um Schlieren zu vermeiden.

Das Stoff-**Verdeck** frischen Sie auf, indem Sie es zunächst absaugen und zurückbleibende Flusen mit einem Klebeband entfernen. Anschließend wird das Dach abgespült und gleichmäßig nass gemacht. Bearbeiten Sie es vorsichtig mit einer weichen Nylonbürste und einem milden Verdeckshampoo. Mit reichlich Wasser wird schließlich der gelöste Schmutz abgewaschen. Nach der kompletten Trocknung kann bei verblichenem Stoff eine Neufärbung erfolgen. Die wasserbasierte Farbe (zum Beispiel von Renovo) wird mit einem weichen Pinsel oder einer Walze gleichmäßig aufgetragen und gut trocknen gelassen. Ist das Dach stark ausgebleicht, kann eine zweite Farbschicht notwendig sein. Anschließend wird die Impräg-

Befreien Sie Chrom mit einem sehr weichen Tuch von Flugrost und polieren Sie mit weicher Polierwatte nach.

Wartung und Pflege

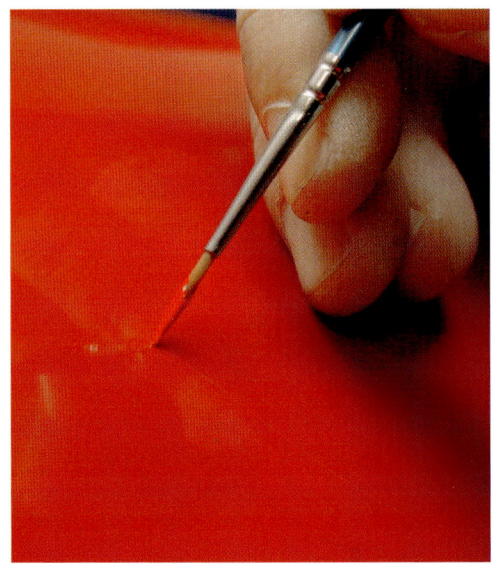

Feine Kratzer im Lack säubern Sie erst per Wattestäbchen mit Alkohol, dann tragen Sie mit feinstem Pinsel die Farbe auf.

nierung aufgetragen. Je nachdem, wie oft Sie Ihren Wagen waschen oder er in den Regen kommt, wird empfohlen, den Reinigungsvorgang und die Imprägnierung nach einigen Monaten zu wiederholen.

Kleine Lackausbesserungen selbst erledigen

Nehmen Sie zunächst eine Lupe und schauen Sie sich die Lackstelle genau an. Reinigen und entfetten Sie die Stelle mithilfe von Feuerzeugbenzin und einem Wattestäbchen. Ist der Schaden sehr tief, sodass Sie den Metallgrund sehen, müssen Sie zuerst etwas Rostschutz-Grundierung auftragen. Nehmen Sie dazu einen sehr feinen Pinsel und arbeiten Sie unter der Lupe. Nach dem Trocknen der Grundierung tragen Sie die Farbe auf. Wenn Sie keine Originalfarbe bekommen, lassen Sie sich beim Lackierer den passenden Zwei-Komponenten-Lack anmischen. Tipp: Nehmen Sie zum Lackierer zwei leere Gläser für Farbe und Härter mit.

Beim Fahrzeug mischen Sie zwei Tropfen Lack, einen Tropfen Härter und schließlich ein bis zwei Tropfen Verdünnung dazu. Diese dünne Flüssigkeit streichen Sie nun in die schadhafte Stelle. Dünn auftragen, trocknen lassen und den Vorgang mehrfach wiederholen. Lassen Sie schließlich den Lack mehrere Tage komplett aushärten. Eventuell überstehende Lackreste können mit einem feinen Schleifpapier (Korn 1500 oder 2000) oder einem Schleifblöckchen vorsichtig abgeschliffen werden. Mit Schleifpaste entfernen Sie anschließend verbliebene Schleifspuren.

Technik-Tipps für die eigene Werkstatt

Glücklich ist, wer eine eigene Werkstatt hat und selbst Hand anlegen kann.
Die besten Infos zur Ausstattung und für die Sicherheit … und die Pannen-Checkliste.

Die richtige Werkstatt-Einrichtung

Neben den herkömmlichen Werkzeugen, die in jedem Haushalt oder jeder Garage zu finden sind, gibt es Werkzeug, das spezifisch auf Oldtimer abgestimmt ist. Welches davon genau für Ihren Traumwagen geeignet ist – oder auch nicht –, finden Sie im entsprechenden Werkstatt- oder Bord-Handbuch. Beispielsweise benötigen Sie bei Speichenrädern spezielle Radnabenschlüssel. Aber auch technische Geräte wie ein kleiner Kompressor sollten nicht fehlen. Viele praktische Wartungsarbeiten benötigen Druckluft. Für druckluftbetriebene Werkzeuge reicht allerdings ein kleiner Kompressor, wie man ihn häufig als günstiges Angebot im Baumarkt findet, meist nicht aus.

Überlegen Sie sich bei der Anschaffung von Werkzeugen ganz genau, wofür Sie Ihr Geld ausgeben. Besser ist es, wenige Werkzeuge, die qualitativ hochwertig und eventuell auch bereits in der Anschaffung etwas teurer sind, zu kaufen, als viele Werkzeuge in den Schubladen zu haben, die nach dem ersten Gebrauch nicht mehr funktionieren.

Schraubenschlüssel – welcher ist der richtige?

Bevor Sie sich Schraubenschlüssel-Sortimente zulegen, sollten Sie wissen, welchen Oldtimer Sie in der Garage haben werden. Viele englische und US-Fahrzeuge haben Zoll- und Inch-Maße. Mit metrischen Schlüsseln werden Sie deshalb bei manchen Arbeiten Probleme haben.

Der Traum eines jeden Oldtimer-Besitzers: die eigene Werkstatt mit bestem Licht (im Bild ein Cadillac)

Die richtige Werkstatt-Einrichtung

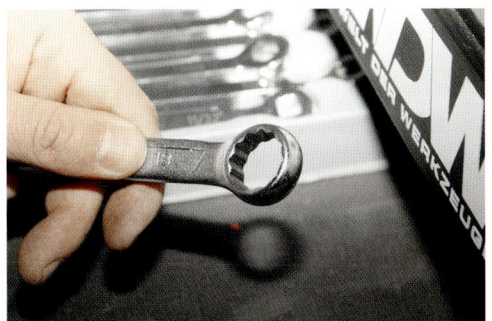

Zoll, Inch oder metrisch: Ihr Werkzeug sollte auf Ihren Oldtimer abgestimmt sein.

Maulschlüssel (links) und Ringschlüssel (rechts) brauchen Sie auf jeden Fall.

Beim Gabelschlüssel sind es zwei greifende Backen, die den Sechskant-Schraubenkopf oder die Mutter umschließen. Beim Maulschlüssel, auch Ringschlüssel genannt, umgreift ein Ring mit Nuten die Sechskant-Form der Schraube oder Mutter. Es gibt kombinierte Werkzeuge, bei denen sich an beiden Enden des Werkzeugschafts eine der beschriebenen Formen befindet.

Schraubenschlüssel sind die universellsten und am häufigsten benötigten Werkzeuge in einer Oldtimer-Werkstatt. Sparen Sie nicht an der falschen Stelle, sondern investieren Sie in einen hochwertigen Schlüsselsatz aus gehärtetem Chromvanadium. Mit preisgünstigen Schraubenschlüsseln scheitert man ziemlich schnell, wenn eine richtig festgebackene Schraube zu lösen ist. Der Grund sind die Backenflanken und das nicht sitzende Maß. Das hat zur Folge, dass man relativ schnell über die Ecken der Sechskantform abrutscht und im ungünstigsten Fall eine abgedrehte Schraube hat, die sich nicht mehr lösen lässt. Für Arbeiten mit hohen Drehmomenten ist ein Gabelschlüssel nicht wirklich geeignet.

Ring- oder Maulschlüssel sind ideal für das Lösen von Muttern mit einem hohen Drehmoment. Ringschlüssel halten auch höheren Drehkräften stand und außerdem einen kräftigen Hammerschlag zum Öffnen einer verrosteten Mutter aus. Am gängigsten sind die Ringschlüssel mit einer Doppel-Sechskant-Aufnahme. Ein solcher Schlüssel kann auch in der engsten Ecke auf die Mutter oder Schraube aufgesetzt werden.

Auch an Werkstücken und Stellen mit eingeschränkten Platz- und Sichtmöglichkeiten ist der Ringschlüssel die richtige Wahl, da man die Passung besser fühlen kann.

Ein **Offener Ringschlüssel** sollte ebenfalls nicht fehlen. Er kommt vor allem an Leitungen des Kraftstoff-, Hydraulik- und Bremssystems zum Einsatz. Durch die Öffnung am Zwölfkant-Ring kann der Schlüssel über die Leitung geführt werden. Allerdings sind diese Ringschlüssel mit Öffnung nicht so belastbar wie ein geschlossener Ringschlüssel.

Ratschenschlüssel können viele Arbeiten erheblich vereinfachen. Mechanisch gesehen funktioniert ein Ratschenschlüssel wie der Ringschlüssel.

Die Luxus-Variante: Ein Ratschenschlüssel vereinfacht viele Arbeiten ungemein.

Spart Zeit und alles ist immer griffbereit: Werkzeugwagen mit ausgestatteten Schubladen.

Ein Doppelsechskant-Maul wird zum Anziehen oder Lösen auf die Sechskant-Schraube oder – Mutter aufgesetzt. Einziger wirklicher Vorteil eines Ratschenschlüssels ist die integrierte Mechanik im Kopf. Eine in zwei Richtungen laufende Knarre mit einem Sperrriegel ermöglicht das Arbeiten mit dem Schlüssel, ohne abzusetzen. Die Knarrenfunktion wird durch einen Zahnkranz geregelt.

Auch Ratschenschlüssel, die nur in eine Richtung laufen, sind erhältlich. An diesen gibt es keinen Umschaltknopf, und es wird ihnen nachgesagt, dass sie wesentlich robuster sind und auch höheren Drehmomenten standhalten. Als wichtiges Zubehör für Ratschenschlüssel sind sogenannte Nüsse oder Bit-Einsätze erhältlich.

Mit einem Drehmomentschlüssel ziehen Sie zum Beispiel Zylinderkopfschrauben an.

Ratschen benötigt man, um hohe Kräfte bzw. Drehmomente aufzubringen. Ratschen ermöglichen es, auf engstem Raum mit höchster Kraft zu arbeiten. Es gibt Ratschen in den verschiedensten Größen und mit verschiedenen Aufnahmen. Für kleinere Arbeiten reicht ein Set mit einem Viertel-Zoll-Antrieb. Achten Sie beim Kauf unbedingt darauf, ob die Ratsche grob- oder feinverzahnt ist. Die Luxus-Variante sind umschaltbare Ratschen.

Verlängerungen zum Aufstecken auf den Antrieb ermöglichen nochmals die Steigerung des Drehmomentes und das Erreichen tief verborgener Schrauben, Gelenkaufsätze, wenn sie oben und am Ende der Verlängerung angebracht sind, ein „Um die Ecke"-Arbeiten im Winkel von etwa 270 Grad.

Nuss-Aufsätze in den verschiedensten Größen brauchen Sie, wenn Sie mit einer Ratsche arbeiten wollen. Herkömmliche Standard-Nüsse mit Sechskant-Form gibt es in allen Größen für alle Aufnahmen. Sinnvoll ist es, sich mindestens zwei Ratschengrößen mit kompletten Sets an Nüssen zuzulegen. Auch diese gibt es als Doppelsechskant-Version. Zu empfehlen sind außerdem längere Nüsse, die eine tiefere Aufnahme haben. Sie benötigen sie, wenn Sie zum Beispiel eine Zündkerze ausdrehen oder eine Mutter von einem Bolzen abdrehen müssen.

Drehmoment-Schlüssel sind geeignet, um zum Beispiel die Zylinderkopfschrauben am Motor

Das Drehmoment stellen Sie an der Skala des Drehmomentschlüssels ein.

Die richtige Werkstatt-Einrichtung

Der OT-Punkt muss vor der Einstellung des Zündpunktes justiert werden.

Zum Einstellen des Zündpunkts wird der Zündverteiler gelöst und einjustiert.

nachzuziehen. Mit dieser „Ratsche" wird die Schraube mit einem vorgegebenen Drehmoment festgezogen. Drehmoment bedeutet in diesem Fall die aufgewendete Spannkraft, die vom Hersteller vorgegeben ist. Die Spannkraft gibt vor, mit welcher Kraft zwei Bauteile zusammengepresst werden. Zu viel Drehmoment lässt eventuell Bolzen oder die Schraube reißen, zu wenig Spannkraft hat zum Beispiel am Zylinderkopf eventuell zur Folge, dass die Zylinderkopfdichtung nicht genügend abdichtet, Wasser in die Zylinder laufen und so in den Ölkreislauf gelangen könnte. Deshalb achten Sie bitte unbedingt auf die Herstellerangaben!

Sparen Sie nicht bei der Anschaffung von Drehmomentschlüsseln. Eingestellt wird der vorgegebene Wert für die Spannkraft am Drehmomentschlüssel mittels einer Skala am Griff.

Das Erreichen der Spannkraft hört man durch das leichte Klicken beim Anziehen der Schraube oder Mutter.

Wer mit einem Drehmomentschlüssel arbeitet, sollte dazu auch einen Schmierstoff verwenden. Am Zylinderkopf eignet sich ein Festschmierstoff wie Grafit – für alle Teile, die eine Temperatur über 80° C erreichen.

Auch andere Verbindungen, die extrem heiß werden, dürfen nicht mit Öl geschmiert werden, da das Öl zu verbrennen beginnen würde. Will man diese Verbindung später öffnen, ist es sehr wahrscheinlich, dass die Schraube reißt. Hier ist Kupferpaste als Schmiermittel angebracht.

Wichtig ist zudem, dass die Gewinde sauber gemacht und eventuell vor dem Verspannen nachgeschnitten wurden. Die Auflage, auf der der Schraubenkopf oder die Mutter aufliegt, muss sauber und glatt sein. Ist dies nicht der Fall, muss sie vorher noch gesäubert und geplant werden.

Die Zündung richtig einstellen

Bei vielen modernen Fahrzeugen ist die Zündung bereits elektronisch und exakt auf den entsprechenden Motor eingestellt. Bei den meisten Oldtimern – bis in die 1970er-Jahre – wurden jedoch herkömmliche Zündungen mit einem elektrischen Zündgeber verbaut. Diese Zündsysteme bestehen aus immer denselben Bauelementen: der Batterie als Stromquelle, der Zündspule, dem Zündverteiler (oder bei sehr alten Fahrzeugen der Magneto-Zündung) und am Ende der Zündkette den Zündkerzen, die mit dem Zündfunken im Zylinder das komprimierte Gemisch entzünden. Diese Form der Zündung nennt man herkömmlich auch Batterie-Zündung.

Alle Komponenten müssen sehr gut aufeinander abgestimmt sein. Entzündet sich der Funke nicht zum richtigen Zeitpunkt, verliert der Motor deutlich an Leistung oder beginnt zu stottern. Die

Technik-Tipps für die eigene Werkstatt

Den Zündvorgang verstehen

Grundsätzlich benötigen Ottomotoren (sowohl Vergaser- als auch Einspritzmotoren) eine Fremdzündung, damit das Kraftstoff-Luft-Gemisch entzündet wird. Dies geschieht über den an den Elektroden der Zündkerze entstehenden Funken. Eine Sechs-Volt- oder Zwölf-Volt-Batterie reicht für den Überschlag eines solchen Funkens zwischen den beiden Elektroden der Zündkerze aber bei Weitem nicht aus. Daher muss eine Spannung von etwa 10.000 Volt erzeugt werden, die plötzlich entladen wird. Dies geschieht kurz auf der so genannten OT-Stellung eines Zylinders.
Durch das Zusammenwirken von Zündspule und Unterbrecher wird die Niederstromspannung von sechs oder zwölf Volt der Batterie bzw. der Lichtmaschine zum benötigten Hochspannungsstrom umgewandelt. Es handelt sich dabei um das Prinzip eines Transformators. Der durch die Primärwicklung des Zündverteilers fließende Strom erzeugt ein magnetisches Feld. Im Augenblick der Zündung unterbricht der Unterbrecher im Zündverteiler den Niederspannungsstrom bzw. das Feld der Niederspannungswicklung. Dabei bricht schlagartig das Induktionsfeld ab, und die magnetischen Kraftlinien schlagen mit hoher Geschwindigkeit in die Hochspannungswicklung in der Zündspule über. Dieser entstandene hohe Zündstrom fließt nun über den Zündverteiler in die Zündkerze an die beiden Elektroden. Der Zündverteiler enthält den Unterbrecher und einen Kondensator. Nach oben ist der Zündverteiler durch den Verteilerdeckel abgeschlossen, in dem der Verteilerkopf läuft und die einzelnen Zündkontakte der Verteilerscheibe ansteuert.
Wichtig für das Einstellen der Zündung sind die sich im Inneren befindliche Verteilernocke und der Unterbrecher. Der Unterbrecher besteht aus einem festen Kontakt, der mit der Masse und dem beweglichen Unterbrecherhebel verbunden ist. Der Zündfunke springt genau dann an der Zündkerze über, wenn die Verteilernocke den Unterbrecherkontakt öffnet und somit der Primärstrom an der Zündspule unterbrochen wird. Durch das Öffnen und Schließen des Unterbrechers steuert der Zündverteiler den Zündvorgang im Motor. Auch sind die Öffnungs- bzw. vor allem die Schließungszeit für die sogenannte Schlagweite (die Dauer des Zündfunkens) von Bedeutung. In der Regel beträgt der Abstand der Kontakte des Unterbrecherkontakts ungefähr 0,4 bis 0,5 Millimeter.

richtige Abstimmung und Einstellung der Zündung hat viel mit der perfekten Motorleistung zu tun. Der Abstand der Kontakte wird mit der Fühlerlehre geprüft. Die Öffnung darf auf keinen Fall einen Abstand von 0,5 Millimetern überschreiten. Mittels einer Stellschraube am Unterbrecher kann diese Einstellung erreicht werden.

Die **Einstellung des Unterbrecherkontaktes** ist äußerst wichtig. Denn stimmt der Abstand nicht, ergeben sich falsche Schließungszeiten. Da ein Motor in der Regel zwischen (bei ruhiger Fahrt) 2500 und 3000 U/min dreht, ergibt sich bei einer falschen Einstellung bereits ein zu schwacher Zündfunke und damit ein bemerkbarer Leistungsabfall.

In diesem Falle nützen auch die Fliehkraftversteller des Zündverteilers nichts, die eigentlich die Aufgabe haben, bei höheren Drehzahlen die Zündung um den Zündfunken an die Geschwin-

Justieren des Zündverteilers für die Zündverstellung.

Die richtige Werkstatt-Einrichtung

digkeit des Motors anzupassen. Denn je schneller der Motor dreht, desto früher muss der Zündfunke kommen. Daher sollte darauf geachtet werden, dass die kleinen Federn, die die Gewichte des Fliehkraftverstellers tragen, nicht ausgeleiert sind.

Auch eine **verfrühte oder verspätete Zündung** kann erhebliche Motorschäden verursachen. Gibt man zu wenig Frühzündung – die sogenannte Spätzündung –, wird die Explosionsenergie des Kraftstoff-Gemischs nicht richtig ausgenutzt; es entsteht ein starker Leistungsabfall und damit eine Motor-Überhitzung. Auch zu viel Frühzündung verursacht durch die zu früh stattfindende Explosion zu wenig Leistung und damit einen spürbaren Abfall der Kraft. Erkennbar ist dies durch hörbares Motorklopfen und eine extreme Überhitzung des Motors.

Um die **Zündung mit der Prüflampe einzustellen**, muss die Prüflampe auf der einen Seite mit der Klemme 1 der Zündspule verbunden werden. Die Zündung wird angemacht.

Die Prüflampe wird mit der Spitze an Masse gehalten. Ist der Unterbrecher nun bei OT geöffnet, leuchtet die Prüflampe auf. Nun wird der Motor über das Rad an der Kurbelwelle weiter gedreht. Die Prüflampe sollte erlöschen, sobald der Unterbrecherkontakt geschlossen ist.

Wenn die Prüflampe bei OT nicht aufleuchtet, weil der Unterbrecherkontakt nicht durch die Nocke geöffnet wird, wird der Zündverteiler an der unteren Halteschraube geöffnet und vorsichtig so weit verdreht, bis die Nocke den Unterbrecherkontakt öffnet. Achten dabei unbedingt auf die Drehrichtung des Motors!

Sobald die Einstellung stimmt, wird die Schraube des Zündverteilers wieder angezogen und die Funktion noch einmal mit der Prüflampe geprüft, da sich auch beim Festziehen der Schraube der Zündverteiler eventuell verstellen kann.

Zusammenfassend lässt sich noch einmal die Funktion überprüfen, indem die Kurbelwelle in

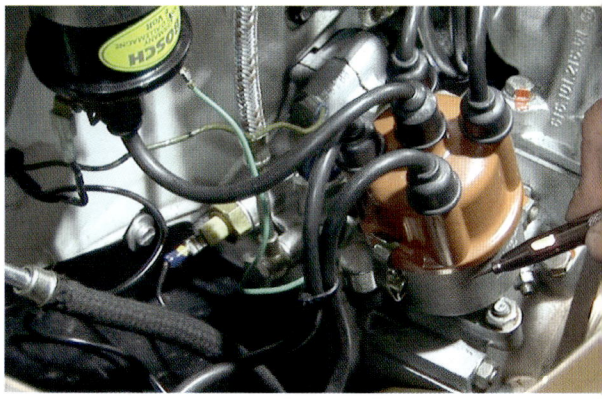

So messen Sie den Abstand des Unterbrecherkontakts.

Laufrichtung des Motors gedreht wird. Leuchtet die Prüflampe vor Erreichen der OT-Markierung auf, liegt eine Frühzündung vor; leuchtet sie nach der Markierung auf, ist eine Spätzündung vorhanden. Dann gilt es noch einmal, die Feinjustierung vorzunehmen. Dazu wird die Kurbelwelle erneut entgegen der Drehrichtung zurückgedreht und die Justierung des Zündverteilers wiederholt.

Mit der sogenannten **Zündlichtpistole**, einer Stroboskopblitz-Lampe, kann die Zündung bzw. der Zündzeitpunkt bei laufendem Motor ermittelt und geprüft werden. Mit der Zündpistole wird die Einstellung der Zündung dynamisch ermittelt.

Ermitteln Sie den richtigen Zündzeitpunkt mit einer Zündlichtpistole, einer Stroboskopblitz-Lampe.

Auch die Spannung der Batterie sollte regelmäßig überprüft werden, um Überraschungen zu vermeiden.

Kurze Blitze, die über die Zündung des ersten Zylinders gesteuert werden, machen die rotierende OT-Markierung und die feststehende Markierung sichtbar. Die Polkabel der Zündpistole werden an die Batterie angeschlossen. Bei Sechs-Volt-Fahrzeugen kann die Zündpistole auch über eine externe Zwölf-Volt-Batterie gespeist werden.

Die Synchronizität erhält die Zündpistole über das Zündkabel des ersten Zylinders. Eine Klemme greift die induktive Spannung dieses Kabels ab und gibt die Taktung an die Stroboskopblitz-Lampe weiter. Es empfiehlt sich, den Unterdruckschlauch des Zündverteilers von der Unterdruckdose abzuziehen.

Um die Einstellung richtig vornehmen zu können, sollte der Motor im Leerlauf arbeiten. Der Leerlaufbereich befindet sich üblicherweise im Bereich von 850 bis 950 U/min. Dreht der Motor zu schnell, sollte erst einmal der Leerlauf justiert werden. Informationen über den Zündzeitpunkt findet man in der Regel in der Betriebsanleitung oder dem Werkstatthandbuch des Fahrzeugs. Die Zündprüflampe wird nun steil auf die Markierung gerichtet. Die Markierung wird über die Stroboskopblitz-Lampe betrachtet und beobachtet. Bei der richtigen Einstellung muss die OT-Markierung auf der rotierenden Scheibe genau mit der fest angebrachten Markierung übereinstimmen. Stimmt sie nicht überein, wird wie beim Einstellen mit der Prüflampe verfahren. Der Zündverteiler wird so ausgerichtet, dass die Markierungen genau übereinstimmen. Für mehr Spätzündung wird der Zündverteiler etwas im Uhrzeigersinn gedreht, bei mehr Frühzündung entsprechend gegen den Uhrzeigersinn.

Mit der richtigen Einstellung des Zündzeitpunktes wird eine höhere Nutzleistung des Motors erreicht und damit auch ein geringerer Kraftstoff-Verbrauch. Die Leistung des Motors geht auch mit einer normalen Betriebstemperatur einher, und die Möglichkeit eines Motorschadens ist aufgrund der Zündung nicht mehr gegeben.

Die Batterie

Die Batterie gehört zur Standardausrüstung jedes Autos. In der Fachsprache werden als Batterie nicht wieder aufladbare Zellen bezeichnet. Die korrekte Bezeichnung wäre also Bleiakkumulator – oder kurz Bleiakku. Der Name kommt von den Elektroden, die aus Blei bestehen. Als Elektrolyt dient Schwefelsäure. Im geladenen Zustand besteht die positive Polplatte aus Bleidioxid (PbO_2) und die negative aus blankem Blei (Pb). Beim Entladen bildet sich an beiden Platten fein verteiltes Bleisulfat ($PbSO_4$).

Wenn man den Akku bis zur Kapazitätsgrenze entlädt und wieder auflädt, wird die Lebensdauer stark verkürzt. Autoakkus sind durch die Elektrodenstruktur darauf ausgelegt, für kurze Zeit hohe Ströme liefern zu können.

Bei Kurzstreckenfahrzeugen oder defektem Generator (Lichtmaschine) wird der Akku nicht genügend aufgeladen. Dieser halb bis fast ganz entladene Zustand lässt an den Elektronen Sulfat-Kristalle entstehen, was eine Kapazitätsverringerung bedeutet, die nicht mehr vollständig rückgängig gemacht werden kann. Wer häufig Kurzstrecken fährt, kann die Lebensdauer des Akkus (der „Batterie") verlängern, indem man ihn häufig mit einem Ladegerät vollädt.

Bevor Sie den Akku (die „Batterie") einbauen, prüfen Sie Endpole und Polklammer auf Sauberkeit. Kratzen Sie eventuellen Säureschwamm weg. Nach dem Festklemmen fetten Sie die Teile zum Schutz gegen Oxidation mit Säurefett oder Vaseline ein.

Die Benzinpumpe

Die mechanische Benzinpumpe, auch Kraftstoffpumpe genannt, ist ein sehr robustes Funktionsteil und selten defekt. Sie dient bei Benzinmotoren zur Förderung des Kraftstoffes in die Vergaseranlage. Es handelt sich dabei um eine Membranpumpe, die über eine Exzenter-Nockensteuerung angetrieben wird. Nach langen Standzeiten wird die Membrane gerne spröde und hart. Ist sie defekt, kann die nötige Förderleistung nicht mehr erbracht werden.

Bevor die Membrane ausgebaut wird, sollte ein einfacher Dichtigkeitstest durchgeführt werden. In der Kraftstoffkammer sitzt am Deckel des Oberteils eine Korkdichtung. Wenn diese ebenfalls ausgetrocknet ist, dichtet sie nicht mehr ab. Nehmen Sie etwas Waschbenzin oder Kraftstoff und füllen Sie diesen in den Schlitz zur Korkdichtung ein. Oft behebt bereits dies die Funktionsstörung. Eine reguläre Benzinpumpe hat eine Förderleistung von 40 bis 120 Litern in der Stunde.

Die Leistung einer Pumpe kann getestet werden. Bauen Sie die Pumpe aus und reinigen Sie sie mit Bremsen- und Teilereiniger, einer Zahnbürste und einem Pinsel. Dann wird die Förderleistung getestet. Eine funktionierende Pumpe sollte bei zehn bis zwölf Hüben am Pumphebel in etwa 1,5 Meter Höhe den Kraftstoff liefern. Ist dies nicht der Fall, ist dies ein Indiz auf eine Funktionsstörung. Um eine defekte Membrane zu entfernen, muss die Kraftstoffpumpe geöffnet werden. Gehen Sie wie folgt vor: Nehmen Sie den Antriebsstößel heraus. Dieser sitzt auf einer Achse, die durch eine Sicherung gehalten wird. Nach dem Öffnen des Gehäuses wird nun die

Wartungsarbeiten an der Benzinpumpe

Technik-Tipps für die eigene Werkstatt

Nach längeren Standzeiten wird die Gummimembrane der Benzinpumpe porös.

Membrane mit dem Stift, auf dem die Membranteller sitzen, entnommen. Als Nächstes wird der obere Membranteller mit einem Heißlötbrenner abgelötet. Die alte Membrane wird entfernt. Im Zuge dieser Demontage sollten auch die Reste der alten Korkdichtung entfernt und das Kraftstoffsieb gereinigt werden. Membrane und Dichtung kann man im ausgewählten Fachhandel nachbestellen. Dazu benötigt man den Hersteller der Pumpe und die Typen-Nummer.

Hier nun eine Anleitung, wie man die Halterung umbaut, damit künftig die Membrane schneller gewechselt werden kann: In den Stift wird ein Loch gebohrt und mit einem Gewindebohrer ein Gewinde eingeschnitten. Eine Stiftschraube mit einer Flachmutter und einer Beilagscheibe halten den oberen Teller dann auch ohne Anlöten. Schneiden Sie aus einer Gummimembrane für Kraftstoffpumpen (erhältlich bei Staufenbiel, Berlin) die entsprechende Membrane aus. Die nötige Schablone lässt sich über einen Scanner oder Fotokopierer erstellen. Die entsprechenden Löcher in die Membrane können entweder mit einer Lochzange oder einem Lochset wie zum Beispiel von Peddinghaus gestanzt werden. Beim Einsetzen der fertigen Membrane gehen Sie Schritt für Schritt umgekehrt wie beim Ausbau vor. Bevor das Oberteil aufgesetzt wird, muss der Kipphebel nach oben gedrückt werden, bis die Membrane flach aufliegt.

Wenn die Korkdichtung im Oberteil defekt ist, sollte diese gleich mit ausgetauscht werden. Auch das Korkmaterial (erhältlich bei Staufenbiel, Berlin) wird mit einer entsprechenden Lochstanze ausgestanzt. Hier ist das Lochstanzenset von Peddinghaus sehr nützlich, da man in einem Zuge den Außen- und Innenradius gleichzeitig ausstanzen kann.

Nach der kompletten Überholung sollte nochmals ein Funktionstest der Förderleistung durchgeführt werden. Nun sollte bereits nach zehn bis zwölf Hüben die Förderung des Kraftstoffes einsetzen.

Die richtige Vergasereinstellung spart Kraftstoff und schont auf lange Sicht auch den Motor.

Die richtige Werkstatt-Einrichtung

Über die Düsen-Nadel erfolgt die Feinabstimmung der Kraftstoffzufuhr. Der Schraubenzieher leistet gute Dienste.

Der Vergaser

Wenn Vergaserdüsen verstopft sind, äußert sich dies meist im unregelmäßigen Motorlauf. Empfehlenswert ist deshalb eine Reinigung des Vergasers in regelmäßigen Abständen.

Vergasereinstellung zu fett: Ist die Einstellung zu fett, das heißt, findet infolge Luftmangels eine rußende Verbrennung statt, besteht neben hohem Kraftstoffverbrauch auch die Gefahr des Aussetzens der Zündkerzen. Ebenso kann eine zu fette Leerlaufeinstellung bei plötzlichem Gaswegnehmen oder bei Bergabfahren Auspuffknallen hervorrufen. Eine Neuregulierung des Vergasers kann diese Störung beseitigen.

Vergasereinstellung zu mager: Wenn das Kraftstoff-Luft-Gemisch zu mager ist, tritt neben Leistungsminderung die Gefahr ein, dass das Gasgemisch noch beim Öffnen des Einlassventils brennt und die Flamme in den Vergaser zurückschlägt. Dieses „Vergaserpatschen" tritt oft auch beim Anlassen der kalten Maschine auf, wenn der Leerlauf zu knapp eingestellt ist und keine besonderen Überfettungsmaßnahmen (Starterklappe, Startvergaser) angewendet werden. Leichtes, nur gelegentliches Patschen des kalten Motors, das nach dem Warmlauf verschwindet, ist bei sparsamer Einstellung nicht zu vermeiden. Übermäßig mage-

Das Schwimmnadel-Ventil muss immer frei gängig sein – ein Klemmen führt zu Startproblemen.

re Einstellung führt aber zum Verbrennen der Auslassventile. Die Einlassventile werden dabei nicht so sehr in Mitleidenschaft gezogen, da sie durch die einströmenden Frischgase gekühlt werden.

Die Ursache für Startprobleme liegt in der Schwimmkammer des Vergasers – und zwar im Schwimmernadelventil. Wenn dieses Ventil klemmt (was durch Verschmutzungen verursacht werden kann), läuft kein Kraftstoff nach. Schrauben Sie den Vergaserdeckel ab und bauen Sie das Schwimmernadelventil aus. Es wird einfach mit dem Mund durchgeblasen. Beim Druck auf den Stift muss der Luftstrom abbrechen.

Die Nadel im Schwimmerventil soll freigängig laufen. Es darf nicht haken oder rau laufen, sonst

Technik-Tipps für die eigene Werkstatt

Den Tank müssen Sie nach langer Standzeit entrosten, sonst verstopft der Rost im Tank die Benzinzufuhr.

Bei starker Rostbildung wird der Tank aufgeschnitten.

kann die Funktion ausfallen und der Motor ertrinkt im Benzingemisch, was zur Folge hat, dass die Übersättigung die Ölschmierung der Zylinder verhindert.

Die Untersuchung und gleichzeitige Reinigung dieses Ventils ist immer zu empfehlen, da

Vor dem Aufschneiden sollten Sie den Tank aus Sicherheitsgründen mit Wasser füllen.

die meisten Überlaufschäden durch die Schwimmernadel verursacht werden. Gereinigt wird das Schwimmernadelventil mithilfe eines Ultraschallgerätes.

Für Vergaserbrand ist die Ursache häufig ein hängengebliebenes Einlassventil, ein „falscher" Funke bei zurückpendelndem Motor oder ein zu mageres, das heißt benzinarmes Kraftstoff-Luft-Gemisch. Im ersteren Fall schlägt die Verbrennungsflamme durch die Undichtigkeit am Ventil in das Ansaugrohr bzw. den Vergaser zurück. Im anderen Fall verbrennt das Gemisch infolge falscher Zusammensetzung so langsam, dass noch Reste brennender Gase aus dem Zylinder in den Vergaser gelangen.

Verhaltensmaßregeln: Zündung abschalten oder, wenn Kraftstoffhahn vorhanden, Benzinzufluss abstellen und Vollgas geben, damit der Vergaser sich schnell leert. Mit im Kraftfahrzeug vorhandenem Feuerlöscher löschen. Fahrzeug ins Freie schieben. Nötigenfalls Flammen mit Tüchern, Erde oder Sand, **niemals (!)** jedoch mit Wasser ersticken.

Tank entrosten und versiegeln

Besonders nach langen Standzeiten sammelt sich im Kraftstoff-Tank Feuchtigkeit an und es kommt zur Korrosion. Die Korrosions-Rückstände werden bei der Inbetriebnahme des Oldtimers in das Kraftstoffsystem gepumpt und kommen damit in die Kraftstoffpumpe. Kleinere Partikel, die nicht durch das Sieb gefiltert wurden, geraten eventuell auch in den Vergaser und damit ebenfalls in die Zylinder-Laufbuchsen. Damit ist ein Schaden am Motor vorprogrammiert. Daher muss ein Tank nach längerer Standzeit, aber auch nach längerer Betriebszeit eines Oldtimers, überholt und komplett entrostet werden. Es gibt auf dem Markt diverse Tankentrostungs- und Versiegelungs-Sets. Der Profi geht mit einer sehr effektiven Lösung heran:

Die richtige Werkstatt-Einrichtung

Füllen Sie die Entroster-Lösung in den offenen Tank.

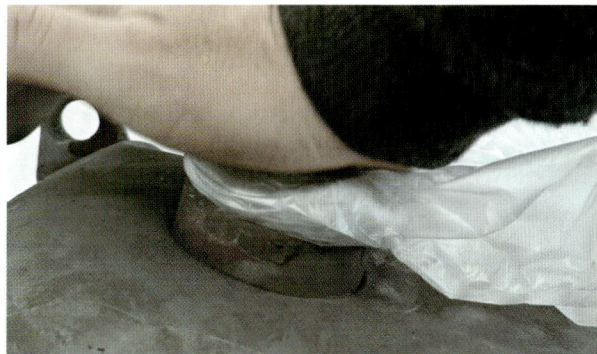

Eine Tüte mit Plastilin dichtet die Öffnungen ab.

Mit einer Trennscheibe wird der Tank entlang der Kante aufgeschnitten. Hierzu empfiehlt es sich, ein mit Druckluft betriebenes Werkzeug zu verwenden, da bei elektrischen Geräten der Kontakt mit dem Wasser zur lebensgefährlichen Bedrohung werden kann. Nachdem der Tank geöffnet ist, erkennt man deutlich die abgelagerte Korrosion. Sie wird entfernt und die säurehaltige Lösung der Profi-Werkstatt (zum Beispiel von Kühlerbau Schneider, München) eingefüllt.

EXPERTEN-TIPP ▶ Tank aufschneiden

Bei schwereren Tankschäden empfiehlt es sich, den Tank in der Hälfte aufzuschneiden, da so auch undichte Stellen restauriert werden können.
Achtung! Auch wenn der Tank bereits viele Jahre leer steht, sind Rückstände des Kraftstoffs bei Funkenflug hoch explosiv. Daher muss der Tank vollständig entleert und vor dem Aufschneiden mit einer Flex oder einem ähnlichen Hilfsmittel mit Wasser gefüllt werden.

Achten Sie darauf, dass die Werkstatt gut gelüftet wird und tragen Sie entsprechende Schutzkleidung, säureresistente Handschuhe und eine Schutzbrille für die Augen. Die Lösung wirkt nun zwischen einer viertel und halben Stunde auf die Korrosion ein und löst alle Rückstände. Danach wird das säurehaltige Konzentrat aus dem Tank entfernt und der Tank mit Wasser gut ausgespült. Sobald er getrocknet ist, wird das blanke Metall mit einem Rostlöser (zum Beispiel Caramba) oder einer parafinhaltigen Lösung ausgesprüht.
Ist keinerlei Undichtigkeit zu erkennen, ist der Tank nach einer solchen Entrostung und mit der Rostschutz-Versiegelung wieder verwendbar und kann verschlossen werden.

Der Entrostungs-Vorgang lässt sich auch bei geschlossenen Tanks durchführen. Dazu werden die Öffnungen mit einer mit Plastilin gefüllten Plastiktüte verschlossen und mit Panzer-Tape verklebt. Danach kann der Rostlöser eingefüllt werden und der Tank bleibt dicht. Nach etwa einer halben Stunde wird die Lösung abgegossen, der Tank gut ausgespült – und man erkennt das blanke Blech.

Dichtungen selbst herstellen

Während einer Restauration stößt man immer wieder an den verschiedensten Bauteilen auf Dichtungen. Diese dienen dazu, Fette, Öle, Benzin und Wasser im Umlauf zu halten.

Vor dem **Formabnehmen** der Dichtung müssen die betroffenen Teile von Dichtungsresten befreit werden. Denn auch eine neue Dichtung ist später nur dann dicht, wenn sie absolut plan aufliegt und keine Unebenheit die Passgenauigkeit beeinflusst. Die Säuberung klappt am besten mit einem angeschliffenen Spachtel oder einem Ceranfeld-Reiniger mit integrierter Rasierklinge.

Welches Dichtungsmaterial?

Um zu verstehen, weshalb man unterschiedliche Materialien zur Auswahl hat, muss man die Funktion der Dichtung kennen: Flachdichtungen füllen bzw. verdichten die kleinsten Oberflächenunebenheiten und sollen gleichzeitig leicht verzogene Oberflächen ausgleichen. Dichtungsstärken sind vorgegebene Richtwerte und müssen eingehalten werden.

Für geringere Beanspruchung können Papier, Ölpapier oder dünne Korkdichtungen verwendet werden. Im Falle der zuvor beschriebenen Beschädigung der Dichtfläche durch starke Riefen kann die Dichtfähigkeit einer Papierdichtung durch die Zugabe von Dichtmasse erhöht werden. Es gibt dauerelastische und aushärtende Dichtmassen. Als Dichtmasse für hohe Temperaturen und Drücke gibt es wiederum gesonderte Materialien.

Für diese Einsätze gibt es spezielle Dichtplatten aus öl- und kraftstoffbeständigem Werkstoff im Verbund mit metallischen Schichten. Korkdichtungen eignen sich nur für geringe Wärmebeanspruchung. Sie können zum Beispiel an der Ölwanne oder am Ventildeckel eingesetzt werden. Am besten für den flexiblen Einsatz, zum Beispiel am Kühlerdeckel, sind mit Silikonkautschuk vernetzte Korkdichtungen. Der Kautschuk umschließt dabei die einzelnen Korkzellen und stellt eine Bindung her. Dadurch haben die Korkdichtungen eine sehr hohe Flexibilität bei hoher Druckentlastung und formen sich bei Druckentlastung perfekt zurück.

Es gibt verschiedenste Sorten von Dichtungspapier, Kork oder Gummi. Die Firma Elring stellt eine große Palette an Dichtungsmaterialien her. Je nach Bedarf kann man auf druck- und temperaturbeständiges oder auch elastisches und damit nachgiebiges Material zurückgreifen. Zudem gibt es benzinfestes Dichtpapier in der Stärke 0,25 bis 3 Millimeter. All diese Materialien sind als Meterware erhältlich.

Wenn sich die Dichtung nicht lösen möchte, kann etwas Kriechöl (WD40 oder Caramba) helfen.

Versuchen Sie, die alte Dichtung in einem Stück zu erhalten, damit Sie als Vorlage für die Nachfertigung dient. Hat man das geschafft (oder zumindest Teilstücke erhalten können), wird mit einer Mikrometer-Lehre die Stärke der Dichtung gemessen. Solche Messstärken dürfen bei manchen Bauteilen nicht einfach außer Acht gelassen werden, denn die Stärke der Dichtung beeinflusst etwaige Lagergeometrien oder die Funktionen einzelner Elemente, wie zum Beispiel die Funktion des Schwimmers in der Schwimmerkammer eines Vergasers oder den Freilauf einer Welle.

Alte Dichtungen müssen durch neue Dichtungen ersetzt werden.

Die **Schablone fertigen** Sie mit Nagelschere, spitzem Bleistift, Lineal, Büroklammern und Skalpell oder Schneidemesser nach. Das neue Dichtungsmaterial muss dem originalen Material entsprechen. Wenn mittels eines Mikrometers die Dicke der Dichtung ermittelt ist, wird aus dem Dichtungsmaterial ein Stück in der Größe der Ausgangsdichtung ausgeschnitten. Nun werden alle Umrisse mit einem dünnen Bleistift nachgezeichnet. Auch aus erhaltenen Resten der alten Dichtung kann eine Schablone angefertigt werden. Die Reste der Dichtung werden auf die Dichtfläche aufgelegt und mit Tesafilm zusammengeklebt.

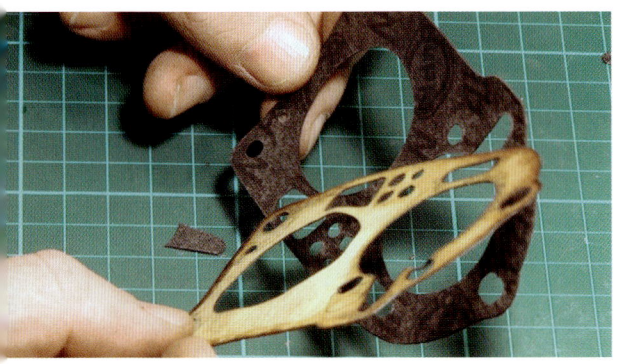

Die Reste der alten Dichtung werden vorsichtig entfernt, um die neue Dichtung passgenau einbauen zu können.

Bewahren Sie die alte Dichtung als Vorlage auf, um das Nachfolgermodell millimetergenau nachzuschneiden.

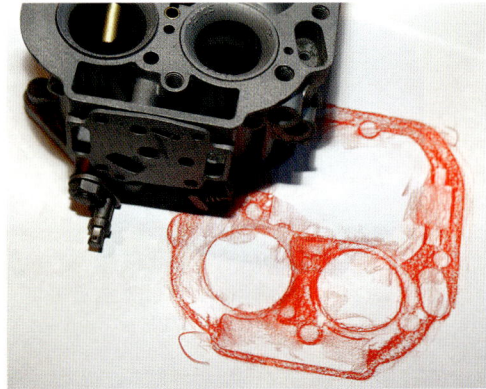

Unterschiedliche Dichtmaterialien für verschiedene Lösungen

Die Form der Dichtung können Sie mit einem weichen Stift durchpausen.

Sind gar keine brauchbaren Reste für eine Vorlage mehr erhalten, kann man auch ein Blatt Papier auf die Dichtfläche auflegen und mit einem Graphitstift nachzeichnen. Eine perfekte Variante, eine Vorlage von kleinen Teilen zu erstellen, ist das Kopieren oder Scannen der Dichtfläche. Reinigen Sie die Dichtung gut und legen Sie die Dichtfläche des Bauteils sehr vorsichtig auf das Glas eines Fotokopierers oder Scanners. Für den Scan empfiehlt es sich, als Einstellung die Auflösung von 300 dpi zu verwenden.

Schrauben- & Bolzenlöcher immer etwas größer als eingezeichnet ausstanzen. Es gibt aber auch in jedem Baumarkt sogenannte Locheisen. Mit diesen lassen sich besonders die größeren Löcher gut ausstanzen.

Mit einer feinen Schere wird die Dichtung aus geeignetem Material auf Passform zugeschnitten.

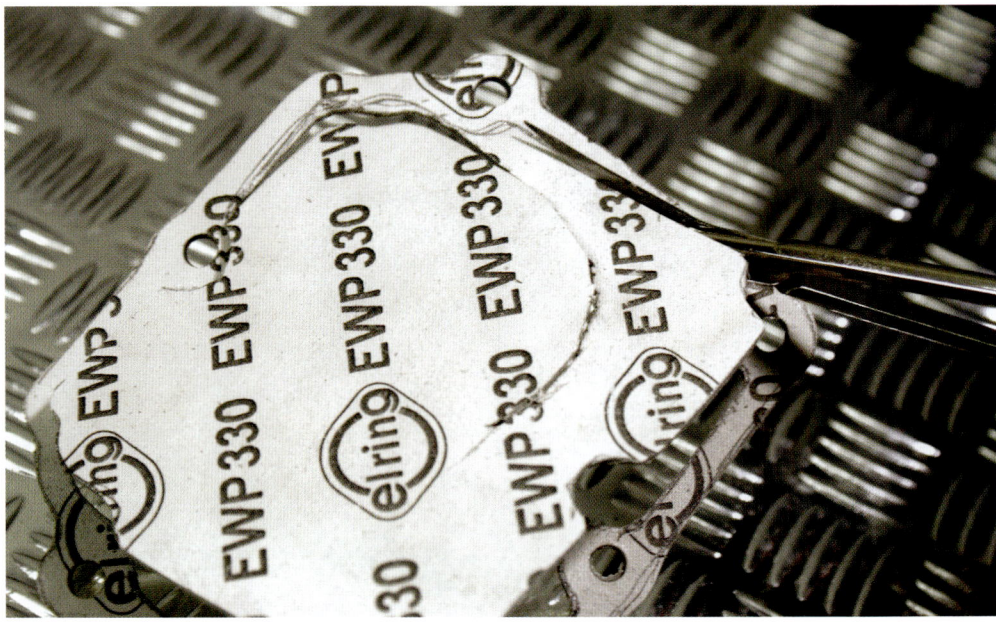

Die richtige Werkstatt-Einrichtung

Kompressionsdruckmessung beim Motor

Die Kompressionsdruckmessung beginnt mit dem Herausschrauben aller Zündkerzen und dem mehrfachen Durchdrehen von Motor und Anlasser, damit alle Verbrennungsrückstände durch die Kerzenbohrung entweichen können. Wenn Sie den Motor mit einer Anlasserkurbel betätigen, reicht es, wenn Sie die Zündkerze entfernen. Bei längerer Standzeit sollte der Zylinder durch die Kerzenöffnung etwas Öl eingespritzt bekommen. Es gibt zwei verschiedene Kompressionsdruckmessgeräte: einfache Kompressionsdruckmesser (zum Beispiel von „Welt der Werkzeuge") und professionelle Kompressionsdruckschreiber, mit denen auch eine grafische Auswertung der Druckmessung machbar ist.

Der Kompressionsdruck wird gemessen, indem das Messgerät an die Kerzenbohrung angeschlossen wird. Wird nun der Motor mit etwa fünf

Aufschluss über die Kompression gibt die Dichtigkeits-Messung der Zylinder.

Die Kompressions-Messung erfolgt über die Zündkerzen-Öffnungen.

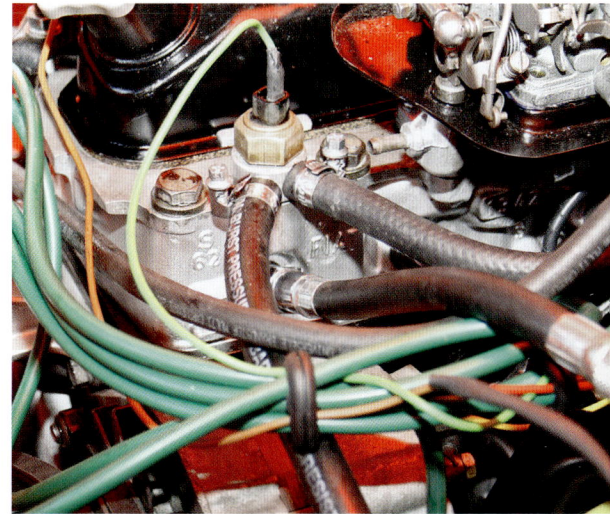

Technik-Tipps für die eigene Werkstatt

Hören Sie beim Fahren ein lautes Schlagen? Dann prüfen Sie umgehend die Radlager!

Akustische Diagnose: Checken Sie das Radlager durch Rütteln am Rad des aufgebockten Fahrzeugs.

Die richtige Werkstatt-Einrichtung

Ist das Radlager tatsächlich defekt, bleibt nur der Austausch, der kosten- und zeitintensiv werden kann.

bis zehn Kompressionshüben gedreht, erhält man den Wert der Kompression auf dem gemessenen Zylinder.

Dieser Wert sollte idealer Weise bei einem Benzinmotor zwischen sechs und zehn Bar liegen, bei einem Dieselmotor zwischen zwölf und 25 Bar.

Die Radlager kontrollieren und tauschen

Die Funktion der Radlager ist es, den Rollwiderstand des Fahrzeugs auf ein Minimum zu reduzieren, das heißt, jedes Rad leichtläufig und im freien Lauf theoretisch ohne Widerstand drehen zu lassen. Dies geschieht durch eingesetzte Kugellager an der Radaufhängung. Sind diese Lager defekt, verringert sich die Laufruhe und der Rollwiderstand erhöht sich.

Bei aufgebocktem Fahrzeug greifen Sie den Reifen an der oberen Seite mit beiden Händen und rütteln kräftig. Wenn Sie dabei ein kleines Spiel bemerken, ist eine Wartung am Radlager fällig. Nun wird der Sicherungssplint entfernt und die Radlagermutter laut Werkstatthandbuch festgezogen. Dann löst man die Mutter so weit, dass der Splint wieder durch das Sicherungsloch gezogen werden kann. Tritt nun bei einer erneuten Prüfung immer noch ein Spiel auf, kann man sicher sein, dass das Radlager defekt ist. Schwer beschädigte Radlager sind übrigens auch zu hören. Beim Fahren tritt ein sehr deutliches „Singen" auf. Und dreht man das Rad im aufgebockten Zustand, ist ein Knirschen und leises Schlagen zu hören. Um die Laufgeräusche richtig beurteilen zu können, empfiehlt es sich, die Bremsbacken zurückzustellen oder den Bremssattel abzunehmen, damit diese nicht mehr schleifen und Sie die Laufgeräusche eindeutig zuweisen können.

Der Wechsel der Radlager ist an für sich eine leichte Wartungsarbeit. Die detaillierten Arbeitsschritte findet man meistens in den fahrzeugspezifischen Werkstatthandbüchern. Dennoch gehören die Radlager zu den sicherheitsrelevanten

Technik-Tipps für die eigene Werkstatt

In der Röntgen-Ansicht sind die Radlager unter der Abdeckung erkennbar, mögliche Schäden sind zu identifizieren.

Bestandteile eines Kegelrollen-Lagers: Simmering, Kegelführungen und Kegelrollenlager

Aufbau der Radlager

Radlager sind unterschiedlich aufgebaut. Die am meisten verbreiteten Radlagertypen sind Kegelrollen- sowie Rillenkugellager:

Kegelrollenlager sind sehr hoch belastbar, da sie sowohl in radialer als auch axialer Richtung großen Kräften standhalten können. Grundsätzlich werden bei dieser Bauform zwei Lager gegeneinander angestellt und gegeneinander durch eine Mutter auf dem Achsdorn verspannt.

Rillenkugellager werden mithilfe einer Distanzhülle verspannt. Diese Lager sind allerdings nur dafür ausgelegt, überwiegend radiale Kräfte aufzunehmen und sind erheblich anfälliger. Der Vorteil bei Rillenkugellagern liegt in der Montage. Durch die Distanzbuchse zwischen den Lagern entfällt das Einstellen des Lagerspiels.

Die richtige Werkstatt-Einrichtung

Ansicht des Aufbaus eines Rillen-Kugellagers in Einzelteilen: Innenring, Führung, Käfig, Wälzkörper, Führung

Bauteilen an einem Fahrzeug und sollten von einer Fachwerkstatt erneuert werden, wenn Sie sich selbst damit nicht auskennen.

Auch wenn Radlager noch in Ordnung scheinen, empfiehlt es sich, die vorderen Radlager zu tauschen, wenn Bremstrommel oder Bremsscheibe abgenommen oder getauscht werden. Die Belastung auf den vorderen Radlagern ist wesentlich höher als jene auf den hinteren Lagern, da die Bremswirkung die hintere Achse weniger belastet.

Die Demontage des Radlagers

Die Demontage des Radlagers beginnt mit dem Abnehmen der Fettkappe mithilfe einer Rohrzange. Darunter verbergen sich die Mutter auf dem Achsdorn und der Sicherungssplint, der entfernt wird. Der Splint muss später erneuert werden, und sollte nicht wiederverwendet werden. Nun ist die Mutter ungesichert und lässt sich frei drehen.

Wenn die Mutter gelöst ist, findet man die Anlaufscheibe für das äußere Lager. Nachdem diese

Schwer gängige Fettbuchsen lösen Sie am besten mit der Rohrzange – vorsichtig und mit sanftem Druck.

123

Die Radlagermutter wird gelöst. Achten Sie dabei auf die Drehrichtung!

auch entfernt ist, können schließlich Kegellager und Bremstrommel entfernt werden.

Der Achszapfen wird nun von Fett und Schmutz gereinigt und auf Laufspuren oder Abnutzungserscheinungen untersucht. Wenn sich nämlich zum Beispiel ein Laufring gelöst hat und sich mitdreht, kommt es zu Schäden am Achszapfen. Diese erkennt man an spürbaren Absätzen oder tiefen Schleifspuren am Achsdorn.

Ähnlich verfährt man bei den Achslagern mit Rillenkugellagern. Hier lagert die Bremstrommel auf einer Radnabe, die gleichzeitig auch als Distanzhülse dient. Aber auch hier ist die Mutter unter der Fettkappe zu lösen und die Anlaufscheibe zu entnehmen. Wenn das Lager nicht vom Achsdorn gelöst werden kann, hilft vorsichtiges Stemmen von verschiedenen Seiten mit einem Schraubenzieher. Am besten geht das Abdrücken allerdings entweder mit einem sogenannten Schlaghammer mit einem Abzieher-Aufsatz, einem Dreiarm-Abzieher oder auch mit zwei gegenüberliegenden Montiereisen.

Wenn die Radnabe abgenommen ist, können die Lager ausgebaut werden. Mit einem langen Treibdorn werden dabei zuerst von innen die Rillenkugellager auf der Nabeninnenseite ausgetrieben.

Die Lager sitzen direkt auf dem Achsdorn. Achten Sie beim Ausbau darauf, dass sie unversehrt bleiben!

Die richtige Werkstatt-Einrichtung

Führungslager entfernen Sie leichter mit einem Treibdorn.

Entfernen Sie die Simmerringe vorsichtig mit einem Schraubenzieher.

Dann wird das alte Fett an den Lagern entfernt. Auf der Rückseite der Bremstrommel oder Bremsscheibe erkennt man in der Nabe die Lagersitz-Ringe und eventuell auch einen Simmering. Dieser sollte grundsätzlich getauscht werden – man bekommt den Simmering mit einem Schraubenzieher gelöst.

Wenn das gesamte Lagerfett entfernt ist, können auch die Lagersitz-Ringe entfernt werden. Dies geschieht am besten mit einem Radlager-Ausdrücker. An einer Gewindestange sind eine Ausdrückscheibe und ein Ring zum Auffangen angebracht. Durch das Spannen des Radlager-Ausdrückers wird der Lagersitz aus der Nabe gedrückt.

Bei Rillenkugellagern kann das innere Lager nur über den inneren Ring ausgetrieben werden. Beim Einbau eines neuen Rillenkugellagers darf aber die Kraft nur auf den äußeren Ring des Lagers ausgeübt werden.

Nachdem die Radnabe in alle Einzelteile zerlegt ist, wird diese noch einmal gründlich vom Fett befreit und gereinigt. Wenn der Achsdorn leichte Rostspuren aufweist, empfiehlt es sich außerdem, den Dorn mit sehr feinem Schleifpapier (1000er- bis 1500er-Körnung) zu läppen.

Das Rillenkugellager entfernen Sie professionell mit einem Radlagerausdrücker.

Überprüfen Sie den Achsdorn auf Beschädigung.

Meist ein schlechtes Zeichen: Flüssigkeit unter den Dichtungen des Radbremszylinders

Der Zusammenbau des Radlagers

Mit dem Zusammenbau des Radlagers können Sie beginnen, wenn Sie anhand der Nummer am äußeren Lagerring ein neues Radlager besorgt haben. Bei jedem gut sortierten Ersatzteile-Händler der einzelnen Automarke finden Sie ein breites Angebot.

Die neuen Lager werden vor dem Einbau gereinigt und leicht eingeölt. Begonnen wird bei einer Radnabe mit Rillenkugellagern mit dem äußeren Lager. Das Lager muss absolut flach eingesetzt werden. Klopfen Sie niemals direkt mit einem Hammer in den Sitz. Dies würde das Lager verkanten und beschädigen. Hier hilft ein sehr einfacher Trick. Man nimmt eine flache Platte und legt diese auf das Lager, oder man sucht eine Nuss, die genau auf den Außenring passt. Nun kann das Lager mit leichten, mittigen Schlägen eingetrieben werden. Am einfachsten geht das Einsetzen natürlich mit einer hydraulischen Presse oder dem Radlager-Ausdrücker. Denn mit dem kann das Lager eingepresst werden. Nun wird die Distanzhülse in die Radnabe eingesetzt (Achtung! Niemals vergessen!).

Anschließend wird das äußere Lager einpresst. Die Lager sitzen richtig, wenn der äußere Lagerring entsprechend den Angaben im Werkstatthandbuch sitzt. Ist die Nabe wieder komplett zusammengesetzt, wird gründlich Lagerfett eingebracht. Bei älteren Kegelrollenlagern sitzt nur ein Lagersitz und eventuell ein Simmering an der inneren Seite der Bremstrommel.

Die Radnabe oder die Bremstrommel kann jetzt wieder auf den Radlagerdorn aufgesetzt werden, nachdem dieser mit Lagerfett bestrichen wurde. Die Mitnehmerscheibe wird eingesetzt und die Haltemutter aufgeschraubt.

Bei Rillenkugellagern erübrigt sich das Einstellen des Lagerspiels. Die Mutter wird nur nach Vorgabe mit dem richtigen Drehmoment festgezogen. Prüfen Sie anschließend mittels einer Messuhr den Rundlauf der Radaufnahme. Setzen Sie den Reifen auf und befestigen Sie alle Radmuttern. Wiederholen Sie den Radlager-Test. Weder Laufgeräusche noch ein Spiel mit einem knackenden Geräusch dürfen auftreten.

Bei Kegelrollenlagern ist das Einstellen des Lagerspiels notwendig. Die Mutter wird mit dem vorgegebenen Drehmoment angezogen und anschließend so weit gelöst, dass die Mutter das Loch für den Sicherungs-Splint freigibt. Lässt sich die Anlaufscheibe mit leichtem Kraftaufwand durch einen Schraubenzieher hin- und herbewegen, ist das Lagerspiel richtig eingestellt. Wenn das Lagerspiel trotz neuer Lager immer noch ein leichtes Spiel aufweist, können zwischen die Anlaufscheibe und dem Lager sogenannte Shims (sehr dünne Distanzscheiben) eingesetzt werden.

Anschließend den Sicherungs-Splint wieder einsetzen. Setzen Sie zum Abschluss noch die mit frischem Lagerfett gefüllte Fettkappe auf.

Der zeitliche Aufwand bei der Erneuerung eines Radlagers liegt bei etwa einer bis eineinhalb Stunden. Aber der Aufwand lohnt sich immer. Neue Radlager sind benzinsparender und erhöhen vor allem die Fahrsicherheit.

Störungen an der Bremsanlage analysieren

Alle Arten der Störungen des Bremssystems sind im Prinzip leicht erkennbar:

Das Bremspedal kann bis zum Bodenblech ohne große Wirkung durchgetreten werden: Meistens sind die Bremsbeläge vollständig abgenutzt und müssen dringend gewechselt oder neu aufgezogen werden.

Das Bremspedal hat keinen absoluten Widerstand und lässt sich weit und stückchenweise federnd durchtreten: In diesem Fall befindet sich Luft im Bremssystem. Ursache können zu wenig Bremsflüssigkeit im Ausgleichsbehälter oder eine verstopfte Ausgleichsbohrung sein. Ein weiteres Anzeichen für Luft im System ist das verzögerte Eintreten der Bremswirkung nach mehrfachem Pumpen des Bremspedals. Sollte trotz nachgestellter und entlüfteter Bremse keine Bremswirkung erreicht werden, ist das Bodenventil des Bremszylinders entweder verschmutzt oder be-

Das Bremssystem verstehen

Aufgabe der Bremsflüssigkeit ist es, die ausgelöste Bremskraft über den Hauptzylinder an die Radbremszylinder zu übertragen. Die Bremsflüssigkeit kann sich durch die entstehende Reibungsenergie bis auf über 100 Grad Celsius erhitzen. Dies liegt über dem Siedepunkt von Wasser.

Da Bremsflüssigkeit hygroskopisch ist und sich dadurch mit der Umgebungsfeuchtigkeit vermischen kann, entstehen aus der gezogenen Flüssigkeit bei Überschreitung der Siedetemperatur des Wassers sogenannte Dampfblasen. Diese beeinflussen den Weg des Bremshebels und verringern die Bremskraft. Das kann so weit führen, dass bis zum Anschlag des Bremshebels kein Druck mehr aufgebaut werden kann. Dieser lässt sich eventuell durch starkes Pumpen wieder herstellen, aber die ganze Situation kann lebensbedrohlich sein. Vor allem bei alter Bremsflüssigkeit entsteht dieser Betriebsfehler. Es ist ratsam, die Bremsflüssigkeit regelmäßig nach Angabe des Herstellers zu erneuern.

Auch nach längeren Standzeiten kommt es häufig zu Problemen am Bremssystem. Dies kann übrigens auch über den Zeitraum der Winterpause eintreten. Die Kolben in den Bremszylindern korrodieren und sitzen fest. Eine solche Bremse ist funktionsunfähig.

Überprüfen Sie regelmäßig die Bremsschläuche.

Prüfen Sie in regelmäßigen Abständen den Kühler auf Dichtigkeit, um Schäden am Motor zu vermeiden.

schädigt. Eine erlahmte Druckfeder im Hauptbremszylinder kann ebenfalls der Grund für die fehlerhafte Funktion sein.

Die Bremse lässt beim Treten nach: Das heißt, dass das Bremspedal kurze Zeit nach dem Betätigen weiter durchgetreten werden kann. Der Grund ist meist eine undichte Leitung oder eine beschädigte Manschette am Haupt- oder Radbremszylinder.

Die Bremsen erhitzen während der Fahrt: Meist ist die Ausgleichsbohrung im Hauptbremszylinder verschmutzt. Weitere Gründe für eine überhitzte Bremse können an einem zu geringen Spiel zwischen Bremspedal und Hauptbremszylinder oder einer zu schwachen Rückholfeder liegen. Aber auch die Verwendung der falschen Bremsflüssigkeit kann der Grund für diese Überhitzung sein, die Gummiteile wie Manschetten können durch diese falsche Verwendung aufquellen.

Trotz hohem Fußdruck tritt keine ausreichende Bremswirkung ein: Entweder ist der Bremsbelag durch undichte Radnaben oder eine schlechte Achsschenkelabdichtung verölt oder der Reibwert des Bremsbelages unzureichend.

Kühler auf Dichtigkeit prüfen

Um einen Kühler auf Dichtigkeit zu prüfen, wird er in der Fachwerkstatt unter Druck unter Wasser getaucht. Was aber tun, wenn man nur eine schnelle Prüfung des Kühlers vornehmen möchte, so zum Beispiel in der Werkstatt, wenn das Fahrzeug nach einer längeren Standzeit erweckt wird? Um eine solche stationäre Prüfung vorzunehmen, hilft ein Kühlerdiagnose-Werkzeugsatz.

Aus einer Auswahl an Kühlerverschlüssen wird ein passender für das jeweilige Fahrzeug gewählt und anstelle des Originalverschlusses aufgesetzt. Der Rest ist sehr einfach. Die Handpumpe mit der

Die richtige Werkstatt-Einrichtung

Das akribische Einstellen des Radsturzes erhöht die Fahrsicherheit mit einfachen Mitteln.

Diagnose-Skala wird an den Kühlerverschluss angeflanscht und der Druck in den Kühler gepumpt. An der Skala erkennt man, ob der Kühler noch dicht ist. Befindet sich die Nadel im grünen Bereich, ist die Diagnose positiv und der Kühler nicht defekt. Wenn die Nadel im roten Bereich absinkt, hat der Kühler ein Leck und sollte baldmöglichst restauriert oder getauscht werden, da er ansonsten Kühlflüssigkeit verliert und es zu Überhitzungen des Motors kommen kann.

Das Fahrwerk richtig einstellen

Die richtige **Spureinstellung** des Fahrwerkes verbessert nicht nur die Spurlage ihres Oldtimers, sondern verhindert auch einseitigen Verschleiß an den Reifen. Sehr gut zu erkennen ist ein schlecht eingestellter Reifensturz nach einer Fahrt mithilfe einer Wärmebildkamera. Die enorme einseitige Hitzeentwicklung am Reifen ist deutlich zu sehen.

In der Fachwerkstatt werden Vorspur und Sturz in der Regel mit Laservorrichtungen vermessen.

Fahrwerk-Fachbegriffe

Sturz: Als Sturz wird die Neigung des Rades zu einem fixen Punkt auf der Standebene in Bezug zu einer errichteten Senkrechte bezeichnet.

Vorspur: Die Vorspur bezeichnet den Winkel des Rades zu einer horizontalen Linie, die parallel zur Standebene über die Mitte der Felge verläuft.

Mit einem Lot wird der Radsturz ermittelt.

Für den Sturz werden am Reifen zwei Punkte zur Senkrechten gemessen.

Es gibt auf dem Markt für die eigene Werkstatt sogenannte Spurmessplatten, mit denen die Spur ausgewogen wird.

Bevor aber Sturz und Vorspur der Spur gemessen und eingestellt werden, wird überprüft, ob die Gelenke an der Spurstange funktionsfähig sind. Ob diese locker sind, merken Sie, wenn an der Spurstange gewackelt wird. Spürt man ein leichtes Schlagen, sind die Spurstangen-Gelenke defekt.

Meist sind jedoch die Spurstangenköpfe an der Spurstange eines Oldtimers fest und lassen sich nur schwer lösen. Abhilfe schafft hier ein Kugelgelenk-Ausdrücker. Die Mutter auf dem Gelenk wird entfernt und die Sperrplatte des Kugelgelenk-Ausdrückers zwischen das Kugelgelenk und der Spurstange eingesetzt.

Nun wird die Schraube des Ausdrückers auf den Bolzen des Kugelgelenks gesetzt und der Ausdrücker zugeschraubt. Wenn genügend Spannung entstanden ist, löst sich die Verbindung und meistens trennt sich das Kugelgelenk mit einem hörbaren Schlag von der Spurstange.

Die einfachste Art, den Sturz und die Vorspur selbst zu messen, geschieht mit vier Standböcken, Bindfaden und einem Lot. Die Lenkung muss gerade gestellt sein. Zur Überprüfung wird noch einmal eine Messung von der exakten Fahrzeugmitte zu den jeweiligen Flanken der Reifen vorgenommen. Ist diese Messung rechts und links gleich, wird der Faden für die parallele Vorspur-Messung gespannt. Dazu befestigen Sie den Faden an zwei Standböcken und spannen ihn. Die einfachste Art und Weise, die Parallelität zum Fahrzeug zu erhalten, ist die Messung entlang des Fahrzeug-Schwellers. Die Schnur muss in Höhe der Radnaben-Mitte laufen.

Die zweite Messschnur wird mittels eines Lots über den Kotflügel aufgehängt. Auch diese Schnur läuft über die Radnabenmitte. Sind diese horizontalen und senkrechten Messlinien eingerichtet, kann mit den Messungen begonnen werden. Schreiben Sie sich die Werte auf!

Die erste Messung erfolgt für die Ermittlung des Sturzes. Setzen Sie das Maßband an einem fixen Punkt am Reifen an, am besten am Übergang vom Reifen zur Felge. Gemessen wird die obere und untere Distanz des Rades zur senkrechten Fadenlinie. Der Sturz ermittelt sich aus der Differenz der Messungen und dem Raddurchmesser. Die Differenz wird durch den Durchmesser des Rades geteilt. Aus dem erhaltenen Wert (= der Sinuswert) wird nun mit dem Taschenrechner der Winkel ermittelt.

Mit der Vorspur wird gleich verfahren.

Arbeitssicherheit

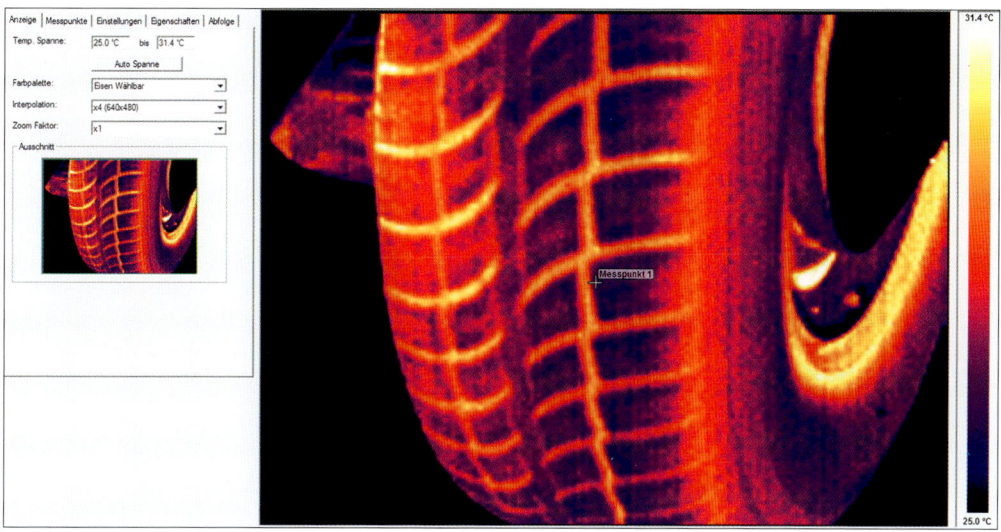

Am Wärmebild erkennen Sie die einseitige äußere Belastung des Reifens: Stellen Sie den Radsturz neu ein.

Arbeitssicherheit

Die meisten Unfälle mit dem Oldtimer passieren nicht auf der Straße, sondern in der Werkstatt. Ein paar kleine Regeln helfen Ihnen, Gefahren zu vermeiden.

Sicherheit in der Werkstatt

- Bremsflüssigkeit, Benzin und Frostschutzflüssigkeit enthalten **ätzende Stoffe**. Tragen Sie bei Arbeiten an entsprechenden Teilen säurefeste Handschuhe. Cremen Sie eventuell zusätzlich Arme und Hände mit Vaseline ein.
- Lassen Sie das Fahrzeug niemals in der Werkstatt oder Garage laufen. Die **Abgase enthalten Kohlenmonoxid**, dieses ist hoch giftig und kann zu Erstickungen führen. Fahrzeuge, die in der Werkstatt laufen, müssen einen Absaugschlauch am Auspuff angeschlossen haben. Eine offene Türe reicht übrigens nicht aus.
- **Benzin- und Lösungsmittel-Dämpfe sind toxisch** und dürfen nicht konzentriert eingeatmet werden. Schließen Sie immer alle Kanister oder Tanks. Die entweichenden Dämpfe sind zudem hoch explosiv und können sich bei Funkenflug entzünden.
- In jeder Werkstatt ist der Feuerlöscher Pflicht. Dieser sollte für Benzin-, Öl- und Schwelbrände geeignet sein. Die größte Gefahr für die Entstehung eines Brandes sind Benzin, Öl und Lösungsmittel. Aber auch andere Quellen können eine Ursache für einen Brand sein. So kann ein Fahrzeug unbemerkt zu brennen beginnen,

Spurstangen mit Hilfe eines Gelenkdrückers lösen

wenn an der Karosserie geschweißt wird und sich die Hohlraumversiegelung oder der Unterbodenschutz entzündet.

- Beim **Laden einer Batterie** entstehen ebenfalls Dämpfe. Die Säure in der Batterie setzt Wasserstoff frei. Dieser ist hoch explosiv. In der Nähe einer geladenen Batterie darf nicht geraucht und kein offenes Feuer verwendet werden.
- Beim **Abklemmen der Batterie** unbedingt zuerst den Strom des Ladegerätes ausstecken, bevor die Klemmen von den Batterie-Polen abgenommen werden. Führen die Klemmen noch Strom, können sich beim Abziehen Funken bilden.
- Während an dem **Zündsystem** gearbeitet wird, muss die Zündung unbedingt ausgestellt sein. Besser ist es, die Zündung von der Batterie abzuklemmen. Das Zündsystem arbeitet mit extrem hoher Spannung. Ein elektrischer Schlag von der Zündung kann körperliche Schäden verursachen, vor allem bei Patienten mit einem Herzschrittmacher.

Das Fahrzeug richtig und sicher aufbocken

Die sicherste Form, ein Fahrzeug anzuheben, ist die Hebebühne. Dort ist das Fahrzeug stabil gelagert. Doch kann nicht in jeder Garage oder Werkstatt eine Hebebühne installiert werden. Praktisch sind mobile Hebebühnen, die sich einfach unter das Fahrzeug schieben lassen und bis zu 2,5 Tonnen heben können.

Beim manuellen Aufbocken wird das Fahrzeug an den für den Wagenheber vorgesehenen Aufnahmestellen angehoben. Zuvor wird die Handbremse gelöst und der Gang in neutral gesetzt. Es ist ein Irrglaube, der Wagen müsse beim Anheben gebremst sein. Denn der Wagenheber mit Rollen bewegt sich, und es entsteht bei einem eingebremsten Fahrzeug eine sehr hohe Spannung auf den Wagenheber. Anders verhält sich dies bei alten einbeinigen Kurbelwagenhebern. In diesem Falle muss das Fahrzeug eingebremst sein. Doch solche Wagenheber sind nicht sicher und sollten nicht mehr verwendet werden.

Ist der Wagen angehoben, werden unter die Achse Wagenständer gesetzt. Heben Sie diese Ständer von der Seite aus unter das Fahrzeug. Niemals dafür unter das angehobene Fahrzeug krabbeln. Der Wagen könnte nach vorne oder hinten kippen.

Grundsätzlich sollten an einem aufgebockten Fahrzeug keine gewaltsamen Hebelkräfte angewendet werden. Wenn Sie Radmuttern öffnen müssen, machen Sie dies, bevor das Fahrzeug angehoben wird. Leicht gelöste Räder können nicht abfallen. Auch das Anziehen der Radmuttern erfolgt immer erst, wenn das Fahrzeug mit allen vier Rädern wieder auf dem Boden steht.

Ist das Fahrzeug aufgebockt, werden immer Reifen unter das Fahrzeug gestapelt, um im Falle des Kippens Bodenfreiheit zu gewährleisten.

Sicherheit beim Schweißen

Beim Schweißen steht Sicherheit an allererster Stelle. Dies beginnt bei der Kleidung:
- Tragen Sie **niemals Polyester-Kleidung**, denn die Funkenbildung kann ihre Kleidung in Brand setzen. Am besten ist es, eine Lederjacke oder einen Schweißschutzmantel zu tragen. Die Hände

Beim Aufbocken dienen die abgenommenen Reifen zur Sicherung des Fahrzeuges.

werden durch spezielle Lederhandschuhe geschützt und die Füße durch dicke Leder-Arbeitsschuhe.
- Schützen Sie Ihre Augen durch eine **Schweißerbrille**. Ein Blick in den Brennpunkt kann schwere Augenverletzungen verursachen.
- Fahrzeug, Böden und brennbare Gegenstände schützen Sie durch **Schweißer-Brandschutzdecken**.
- Unterschätzen Sie den **Funkenflug** nicht! Schweißen Sie niemals „einfach nur mal kurz", ohne die nötigen Vorkehrungen getroffen zu haben.

Die Panne

Sicherheit steht beim Schweißen an erster Stelle.

Auch wenn Sie Ihren Oldtimer noch so gut warten und pflegen, handelt es sich um alte Technik – eine Panne lässt sich deshalb nie ausschließen. Daher ist es wichtig, dass Sie auf den entsprechenden Fall vorbereitet sind.

Verhalten bei einer Panne

Auch für Oldtimer gelten die gesetzlichen Vorgeben wie das Mitführen von Warndreieck und Verbandskasten. Aber vor allem sollten Sie auch mit Warnweste und Feuerlöscher an Bord ausgestattet sein. Eine Werkzeugtasche mit den wichtigsten Werkzeugen für das Fahrzeug, Ersatz-Zündkerzen und einigen kleinen Ersatzteilen ist unumgänglich.

Der Feuerlöscher gehört auf keinen Fall in den Kofferraum, sondern griffbereit in den Innenraum. Im Fall eines Brandes haben Sie nicht mehr die Zeit, den Feuerlöscher aus dem abgeschlossenen Kofferraum zu holen.

Ideal für unterwegs: eine Werkzeugtasche mit den notwendigsten Werkzeugen

Technik-Tipps für die eigene Werkstatt

STÖRUNG	URSACHE	LÖSUNG
Der Motor springt nicht oder nur sehr schwer an	Zündung nicht eingeschaltet	Zündung einschalten: die Ladelampe muss aufleuchten
	zu wenig Kraftstoff im Tank	Kraftstoff nachfüllen
	Kraftstoffhahn geschlossen	Kraftstoffhahn öffnen
	Anlasserritzel verklemmt	Fahrzeug etwas hin und her bewegen, damit sich das Ritzel löst.
	Zündfunke an der Kerze zu schwach oder nicht vorhanden	Zündfunken prüfen. Vorsicht! Das Kabel nur am isolierten Teil angreifen, möglichst einen Handschuh oder ein trockenes Tuch verwenden. Kabel von Zündkerze abziehen und Kabel in die Nähe der Mittelelektrode halten. Ein zweiter Mann betätigt die Zündung: Ein starker Funke muss zwischen Kabel und Elektrode überspringen.
	Funke fehlt oder zu schwach	Sitz aller Kabel an Zündverteiler und Zündspule prüfen
Der Anlasser bewegt sich nicht	Batterie erschöpft	Batterie laden oder austauschen
	Batterieanschlüsse oxidiert	Batterieanschlüsse reinigen
	Leitung unterbrochen	Leitung suchen und eventuell überbrücken
Trotz eingeschalteter Zündung und Aufleuchten der Ladekontrolle entsteht kein Zündfunke: Der Motor springt nicht an	Zündkabel am Verteilerkopf, Zündspule nicht richtig eingesteckt oder Kontakt oxidiert	Zündkabel reinigen und richtig einstecken
	Zündkabel sind spröde und Funken schlagen auf Masse über	Zündkabel mit Isolierband Kabel isolieren und später erneuern
	Kondensator am Zündverteiler defekt oder schlechter Kontakt	Kontakte prüfen, evventuell Kondensator austauschen
Die Zündung setzt zeitweise aus	Abstand zwischen Unterbrecherkontakten zu groß oder zu klein	Kontaktabstand auf 0,4 bis 0,5 mm einstellen
	Zündkabel gelöst	Zündkabel befestigen oder eventuell erneuern
	Elektronenabstand an Zündkerze zu groß	Abstand durch Nachbiegen korrigieren
	Zündkerze verschmutzt	Zündkerze reinigen
Der Motor wird heiß und beschleunigt schlecht oder gar nicht	zuviel Spätzündung	Zündung auf OT überprüfen Fliehkraftverstellung prüfen
	Abstand zwischen Unterbrecherkontakten zu klein	Kontaktabstand nachstellen

STÖRUNG	URSACHE	LÖSUNG
Der Motor zeigt zu wenig Leistung	Zündung setzt aus	Unterbrecherkontakt prüfen und einstellen
	Startvorrichtung (Choke) noch eingeschaltet	Gas geben und Vorrichtung ausschalten
	Kraftstoffpumpe fördert zu wenig	Kraftstoffpunpe prüfen und Beheben
	Kraftstofffilter verstopft	Kraftstofffilter reinigen
	Drosselklappe öffnet nicht ganz	Begrenzungsschraube etwas lösen
	Auspuff verstopft	bei einem Zweitakter den Auspuff des Öfteren reinigen lassen
	Bremsen hängen oder schleifen	Werkstatt aufsuchen
Der Motor klingelt	zu viel Frühzündung	Zündzeitpunkt richtig einstellen
	Abstand zwischen Unterbrecherkontakten zu groß	Kontaktabstand richtig einstellen
Der Motor patscht oder knallt im Vergaser	Zündkerze nicht in Ordnung	Zündkerzen erneuern
	Zündkerze bläst oder Dichtring fehlt	Dichtring an Zündkerze erneuern
Der Motor zündet nicht	Kraftstoffgemisch zu fett	Drosselklappe durch Treten des Gaspedals öffnen, Zündung auslassen, um den Vergaser zu entlüften
		Vergaser, Düsen, Gashebelstellung, Ansaugleitung auf Dichtigkeit überprüfen, eventuell Ventilspiel nachstellen
	Motor läuft kurz an und bleibt dann stehen	Kraftstoffhahn öffnen
Der Motor springt an und bleibt kurz danach stehen	Zündung zu früh	Zündpunkt richtig einstellen
	Motor schlägt beim Starten zurück	Zündpunkt zu früh eingestellt: nachstellen
Der Motor hat Leerlauf	Zündung zu früh	Zündpunkt richtig einstellen
	Kraftstoffmangel infolge verschmutzter Leitungen	Leitungen reinigen
	Leerlaufdüse verschmutzt	reinigen
	Leerlaufgemisch zu satt oder mager eingestellt	Leerlaufluft- oder Gemischregulierungs-Schraube neu einstellen
Der Motor springt im warmen Zustand schlecht an	Übersättigtes Gemisch durch zu viel Gasbetätigung vor Start	Zündkerzen ausschrauben und entlüften oder während des Anlassens Vollgas geben

Technik-Tipps für die eigene Werkstatt

STÖRUNG	URSACHE	LÖSUNG
Der Motor springt im kalten Zustand schlecht an	Anlasser defekt	Anlasser prüfen lassen
	Zündspannung ungenügend	Zündspannung prüfen
	Öl durch Kälte zu zäh	dünneres Öl hinzugeben
	Zündkerzen feucht oder verschmutzt	Zündkerzen reinigen
	Elektronenabstand an Zündkerze zu groß oder zu klein	Abstand durch vorsichtiges Nachbiegen korrigieren
Der Motor läuft, setzt zwischendurch aus, patscht, bleibt stehen	kein Kraftstoff in Tank oder Vergaser	Kraftstoff prüfen und nachfüllen
	Kraftstoffhahn geschlossen	Kraftstoffhahn öffnen
	Benzinpumpe pumpt nicht	Membran austauschen nach langen Standzeiten etwas Kraftstoff mit der Hand nachpumpen
	Vergaser ist leer – Schwimmernadelventil klemmt	Schwimmernadelventil prüfen, reinigen und gegebenenfalls ersetzen
	Kraftstoff-Filter verstopft	Kraftstoff-Filter reinigen
Der Motor qualmt	Kraftstoffgemisch zu fett	prüfen, ob Kaltstartvorrichtung (Choke) ausgeschaltet ist
	Schwimmernadel undicht	Schwimmernadel austauschen
	Hauptdüse offen oder zu groß	Hauptdüse richtig einstellen oder durch kleinere einsetzen
Der Motor hat Aussetzer	Zündkerzen durch zu niedrige Touren verrußt	Zündkerzen einigen
Der Motor läuft nach dem Ausschalten der Zündung weiter	Zündstrom schaltet nicht ab	Batterie abschließen
Die Ladekontroll-Lampe leuchtet nicht	Batterieanschluss unterbrochen	Anschluss herstellen
	Batterie entladen	Batterie laden
Die Ladekontroll-Lampe flackert	Regelschalter zieht nicht an und schaltet wieder ab	Schalter erneuern
	Wackelkontakt	sämliche Verbindungen prüfen

Die Panne

STÖRUNG	URSACHE	LÖSUNG
Die Ladekontroll-Lampe erlischt nicht bei hohen Drehzahlen	Lichtmaschine lädt nicht	Lichtmaschine in Werkstatt prüfen lassen
	Kollektor verschmort	Kollektor erneuern
	Leitungsdefekt, Kohlen abgelaufen und verklemmt	Verbindung herstellen bzw. erneuern
	Keilriemen gerissen oder verrutscht	Keilriemen erneuern oder nachspannen
Das Licht ist zu schwach	Spannungsabfall in den Leitungen	Sicherung prüfen: eventuell schlechte Kontakte durch Korrosion gegebenenfalls Kontaktfeder etwas nachbiegen
	Batteriespannung zu niedrig	Batterie nachladen
	Lichtmaschine lädt zu wenig oder gar nicht	Lichtmaschine in Werkstatt prüfen lassen
	mangelhafter Kontakt an Verbindungen	Verbindungen überprüfen und nachstellen
Die Lampen brennen nicht	Glühbirne durchgebrannt	Glühbirne ersetzen
	Sicherung durchgebrannt	Sicherung prüfen und gegebenenfalls ersetzen
Die Lampen leuchten zu hell	Batterie überladen	in der Werkstatt Regler einstellen lassen

Fit für die Rallye Mille Miglia: Peugeot 203, Porsche 356 Pre-A-Modell 1952-55 (erkennbar an der geknickten Frontscheibe), Alfa Guiletta Sprint und ganz im Hintergrund ein Triumph TR2

Ein Zeppelin-Maybach aus dem Jahr 1932 vor dem Schloss Solitude in der Nähe von Stuttgart. Er wirbt für den „Automobilsommer 2011", eine Veranstaltungsreihe, in der das 125-jährige Jubiläum der Erfindung des Automobils gefeiert wird.

Eine wunderschöne Oldtimer-Rarität: Aston Martin DBR 2